DIE SELBSTREGISTRIRENDEN

METEOROLOGISCHEN INSTRUMENTE

DER

STERNWARTE IN BERN.

VON

DR. H. WILD,

PROFESSOR DER PHYSIK AN DER UNIVERSITÄT BERN UND DIRECTOR DER STERNWARTE
DASELBST.

EXTRAABDRUCK AUS DEM II. BANDE VON CARL'S REPERTORIUM.

MIT 9 TAFELN (No. XXII bis XXX).

MÜNCHEN.

R. OLDENBOURG.

1866.

Die selbstregistrirenden meteorologischen Instrumente der Sternwarte in Bern.

Von

Dr. H. Wild,

Professor der Physik an der Universität Bern und Director der Sternwarte daselbst.

Einleitung.

Die Einrichtung einer Reihe meteorologischer Stationen in den Kantonen Bern und Solothurn während des Jahres 1860 veranlasste mich der Direction des Innern des Kantons Bern im Anfang des folgenden Jahres den Vorschlag zu machen, auf der Sternwarte Bern eine meteorologische Centralstation zu begründen, welche nicht bloss die meteorologischen Beobachtungen auf den übrigen Stationen zu leiten und zu sammeln hätte, sondern auch durch selbstregistrirende Instrumente in den Stand gesetzt wäre, diese zu einer sehr beschränkten Zahl von Terminen (drei Male täglich) angestellten Beobachtungen durch fortlaufende Aufzeichnungen der letztern gewissermassen zu vervollständigen und so für die Wissenschaft nutzbringender zu machen.

Nach Genehmigung dieses Vorschlags durch den h. Regierungsrath wurden im Jahre 1861 ein selbstregistrirendes Thermometer und ein Wind- und Regenmesser, der sich indessen für den praktischen Gebrauch nicht befriedigend erwies, sodann im Jahre 62 ein Barometer, darauf im Jahre 63 ein zweites Thermometer und ein neuer Doppelapparat zur Registrirung der Richtung und der Geschwindigkeit des Windes, endlich im Jahre 64 ein Regenmesser angeschafft und in einem hauptsächlich für diesen Zweck errichteten Anbau an die Sternwarte aufgestellt.

Vom Beginn des meteorologischen Jahres 1864 (Dec. 1863) an erfolgte eine regelmässige Verarbeitung der Aufzeichnungen des zweiten Thermometers und des Barometers und von der Mitte desselben Jahres an geschah dasselbe auch für die Aufzeichnungen der neuern Wind- und Regenmesser. Die Hauptresultate dieser Verarbeitungen sind seit

1

dieser Zeit in den auf eidgenössische Kosten herausgegebenen Publicationen der schweizerisch meteorologischen Beobachtungen veröffentlicht worden. Nachdem also diese fünf Instrumente sich bereits während zwei Jahren durch sichere und allseitig befriedigende Function bewährt haben, halte ich es an der Zeit, dieselben genauer und namentlich unter Beigabe von Figuren allgemein verständlicher, als dies in den Mittheilungen der naturf. Gesellschaft in Bern bereits durch mich geschehen ist, zu beschreiben. So viel ich nämlich, sei es durch eigene Anschauung, sei es durch Beschreibungen und mündliche Mittheilungen von andern Instrumenten dieser Art habe in Erfahrung bringen können, zeigt mir, dass unsere Instrumente sich in jeder Beziehung den besten der übrigen an die Seite stellen, ja manche derselben durch Genauigkeit und Bequemlichkeit wohl übertreffen dürften.

Der Zusammengehörigkeit und Vollständigkeit halber habe ich die Beschreibung eines selbstregistrirenden Haar-Hygrometers und eines die fünf oben genannten Instrumente vereinigenden Universal-Registrirapparats, welche im Jahr 65 angefertigt worden sind, mit aufgenommen, obschon diese beiden Instrumente bis dahin noch nicht eigentlich durch längere Versuche geprüft worden sind.

I. Beschreibung der Instrumente.

1. Das Princip der Registrirung.

Meines Wissens sind bis dahin folgende 3 Hauptprincipe der Registrirung bei meteorologischen Apparaten zur Anwendung gekommen. Die älteste Methode bestand darin, an dem mit einem Bleistift versehenen Zeiger des betreffenden Instruments ein auf einem Rahmen aufgespanntes oder auf der Oberfläche eines Cylinders befestigtes Papier durch ein Uhrwerk gleichförmig vorüberzuführen, so dass der Bleistift auf dem Papier eine Curve verzeichnet, deren Abscissen der Tageszeit und deren Ordinaten dem jeweiligen Stande des Instrumentes entsprechen. Dieses Princip, das z. B. bei den Kreil'schen Registrirapparaten Verwendung gefunden hat, hat den Nachtheil, dass bei manchen Instrumenten die Empfindlichkeit derselben durch die nothwendige Reibung des Bleistiftes am Papier allzusehr beeinträchtigt wird. Ganz vollkommen in dieser Beziehung ist die von Brooke in grossem Maassstabe angewandte Methode, den jeweiligen Stand der Instrumente durch Photographie auf einem Papiere zu fixiren, welches wieder auf der Oberfläche eines durch ein Uhrwerk in Rotation versetzten Cylinders befestigt ist und täglich erneuert wird. Doch erscheint dieses Princip für eine allgemeine Anwendung zu complicirt und kostspielig. Ich erwähne hier nur, was Reich[1]) über dieselbe sagt. Nachdem er als Hauptschwierigkeit die Darstellung eines hinlänglich empfindlichen Papiers angegeben hat, fährt er fort „überhaupt halte ich mich überzeugt, dass ohne die Hilfe eines mit den Handgriffen der jetzt in einem so hohen Grade vervollkommneten Photographie vertrauten Mannes sich nichts wird ausrichten lassen."

Nach der dritten Methode endlich bleibt der Zeiger des meteorologischen Instrumentes ganz frei und berührt für gewöhnlich mit der an ihm befestigten Spitze das unterliegende Papier nicht; nur zu gewissen Zeiten, z. B. alle 5 oder 10 Minuten drückt dann ein mit einem Uhrwerk verbundener Hebelapparat direct oder auf electromagnetischem Wege den Zeiger mit seiner Spitze in das Papier momentan ein, marquirt so den Stand desselben und schiebt nachher das Papier etwas weiter. Es gehören z. B. die Registrirapparate von Lamont hierhin. In diese Kategorie fällt denn auch die von Hipp an der Versammlung schweizerischer Naturforscher in Lausanne im Jahr 1860 beschriebene Methode, die wir bei unsern Instrumenten adoptirt haben. Sie besteht darin, durch eine Uhr zu den bestimmten Beobachtungsterminen den electrischen Strom einer galvanischen Batterie auf kurze Zeit schliessen zu lassen und in den Schliessungskreis der letztern bei den einzelnen Instrumenten Electromagnete einzuschalten, welche dann durch die Anziehung auf ihre Anker die sonst freien Zeigerspitzen in unter ihnen befindliches Papier eindrücken. Nach erfolgter Marquirung des Zeigerstandes wird der endlose Papierstreifen jedesmal durch die Rückbewegung des Ankerhebels um eine kleine Grösse fortgeschoben. Dieses System der electromagnetischen Marquirung auf einem endlosen Papierstreifen bietet den Vortheil dar, dass man nur einer Uhr zum Betrieb einer ganzen Reihe von Apparaten bedarf, und dass man die letztern Wochen lang ganz sich selbst überlassen kann.

Sämmtliche Instrumente sind nach meinen Angaben von dem Chef der eidgen. Telegraphen-Werkstätte in Bern, Herrn Hasler, ausgeführt worden. Es hat derselbe mit viel Geschick und Ausdauer die

1) Berichte aus den Verhandlungen der sächsischen Gesellschaft der Wissenschaften zu Leipzig von 1859. S. 205.

mannigfachen Schwierigkeiten überwunden, welche sich, wie überall, so auch hier der praktischen Ausführung der Ideen entgegenstellten.

2. Das Thermometer.

Das Registrir-Thermometer ist seinen wesentlichen Theilen nach in halber natürlicher Grösse auf Tafel XXII dargestellt und zwar repräsentirt Fig. 1 den Aufriss und Fig. 2 den Grundriss desselben.

Der thermometrische Körper ist ein sogen. Metall-Thermometer nach dem Princip der Compensationstreifen. Es sind nämlich zwei Lamellen von Stahl und geschlagenem Messing ihrer ganzen Länge nach zusammengelöthet und zu einer flachen Spirale A aufgewunden. Das innere Ende dieser Spirale ist durch einen Stellstift und eine Schraubenklemme B unverrückbar unten an der Messingröhre C befestigt, welche über den vertikalen Theil eines ebenfalls röhrenförmigen Messingwinkels DD geschoben ist und mit der Zwinge E daran festgeklemmt werden kann. Der Messingwinkel D wird durch ein zweites Winkelstück FF mit einem Messing-Gussstück GG verbunden, das an dem einen Ende der seitlichen Messingplatte HH und der Bodenplatte JJ festgeschraubt ist. Am äussern Ende der thermometrischen Spirale ist ein leichter, zuerst nach oben gehender und dann horizontal umgebogener Messingzeiger KK angenietet, der durch einen horizontalen Schlitz des Winkelstückes F hindurchgeht und an seinem äussersten Ende zunächst das in einem Schlitz um eine horizontale Axe a drehbare Messingplättchen b besitzt. In einer vertikalen Durchbohrung des letztern lässt sich ein unten in die Spitze c, oben in einen runden Knopf auslaufender Stahlcylinder c verschieben und vermittelst einer in der Zeichnung fortgelassenen Schraube festklemmen. Da der Schwerpunkt des Messingplättchens von der Drehungsaxe a aus nach dem Zeigerende zu fällt, so legt sich dasselbe vermöge des Uebergewichtes immer an die nach dem Ursprung des Zeigers hinliegende Wand des Schlitzes an.

Der Zeiger der thermometrischen Spirale bewegt sich frei zwischen den Zinken der horizontalen Gabel dd, welche durch einen Einschnitt L der seitlichen Messingplatte H hindurchgeht und mit ihrem umgebogenen Ende ee an einen Arm des um die Axe M drehbaren Hebels N angeschraubt ist. Die Axe M dieses Hebels wird von der seitlichen Messingplatte H getragen. Eine Spiralfeder O, welche bei P in den Hebel eingehängt und an ihrem andern Ende durch das Säulchen Q

mit der Seitenplatte H fest verbunden ist, zieht den betreffenden Hebelarm stets herunter, bis die Spitze der in ihm steckenden Schraube R
auf dem ebenfalls von der Seitenplatte H getragenen Anschlage S
aufliegt. (Diese sowie die nächstfolgenden Theile sind abgesehen von
ihrer relativen Stellung aus Tafel XXIV, Fig. 1 deutlicher zu ersehen als
aus Fig. 1 dieser Tafel; sie finden sich daselbst mit denselben Buchstaben bezeichnet.) Am andern Arme des Hebels ist etwas näher an
der Drehungsaxe als die Gabel der aus weichem Eisen bestehende
Anker U des Electromagnets V festgeschraubt. Die Schraube R' im
Hebel oberhalb des einen Magnetpols dient dazu, bei der Anziehung
des Magneten auf den Anker durch Aufschlagen ihrer Spitze auf den
Magnetpol die Berührung von Anker und Pol zu verhindern. Die
Schrauben R und R' reguliren also die Grösse der Winkelbewegung
des Ankerhebels und sind desshalb nach erfolgter Justirung durch die
Muttern T und T' festzustellen. Am äussersten Ende endlich des
Ankerhebels ist ein nach unten gehender Hacken W eingelenkt, der
in die Zähne eines Zahnrades X (Tafel XXIV, Fig. 1) eingreift.

Dieses Zahnrad sitzt auf der Axe ff eines an seiner Peripherie
rauh gemachten Messingcylinders gg, gegen welchen durch die Federn hh ein zweiter entsprechender Cylinder KK angedrückt wird, der
ebenfalls um eine Axe ii drehbar ist. Die Zapfen der beiden Cylinder werden einerseits von der seitlichen Platte H, anderseits von einem
Messingstück H' getragen, das an einem dem Gussstück G entsprechenden, mit der Seitenplatte H und der Bodenplatte J ebenfalls fest ver-
bundenen Stücke G' angeschraubt ist. Zwischen den beiden Walzen
geht der Papierstreifen l hindurch, der auf einem um die Stahl-Axe m
drehbaren Zapfen nn zwischen zwei kreisförmigen durchbrochenen
Messingplatten oo aufgewickelt ist. Die Axe m ist ebenfalls an der
Seitenplatte H befestigt; schraubt man die Mutter p los, so kann man
behufs Erneuerung des Papiers die Rolle nach der andern Seite von
ihr abziehen. Zwischen dieser Rolle und den Walzen geht endlich
der Papierstreifen über den eben gemachten oberen Rand q des Guss-
stückes G' hin und wird durch eine Messing-Lamelle Y vermittelst
zweier von den Schrauben r gehaltenen Spiralfedern s gegen diesen
angedrückt. Ein in die Mitte der Lamelle eingelassenes Stück Z trägt
eine in der Zeichnung nicht angegebene kleine Rolle mit scharfem
Rande, welcher in der Unterlage q eine Vertiefung entspricht.

Zum Schutz gegen Staub u. dergl. ist der ganze Apparat mit

Ausnahme der Spirale und ihres Trägers bis F von einem zerlegbaren Gehäuse von Glas und Mahagoni-Holz umgeben. An der Aussenseite des letztern befinden sich zwei Klemmschrauben, die mit den Enden des auf die Schenkel des Electromagnets aufgewundenen Drahts in Verbindung stehen und zur Einschaltung des Instrumentes in die Schliessung der galvanischen Batterie dienen. Wird die letztere durch die Uhr geschlossen, so umkreist der Strom die Schenkel des Electromagnets V, die Anziehung des letztern auf seinen Anker U überwindet jetzt die Spannkraft der Feder O und die linke Seite des Hebels geht herunter, bis die Schraube R' auf den Pol aufstösst. Durch diese Bewegung des Ankerhebels wird einmal die Gabel d heruntergedrückt, so dass ihr oberer Theil auf den Zeiger stösst und so die am Ende desselben befindliche Spitze c in das Papier darunter einsticht. Das letztere kann dabei nicht zurückgehen, da es einerseits zwischen den beiden Walzen und anderseits zwischen der Lamelle Y und ihrer Unterlage q festgeklemmt und so straff gespannt ist. Durch das kleine Loch, das man hiedurch im Papiere erhält, wird der Stand des Thermometerzeigers fixirt. Die gleiche Bewegung des Ankerhebels bewirkt anderseits, dass der Hacken W am Ende desselben in den nächst tiefer liegenden Zahn des Zahnrades X gerade einfällt — es wird dies durch Regulirung der Schrauben R und R' erreicht, während das mehr oder minder tiefe Einstechen der Spitze in's Papier durch eine Verschiebung des Stiftes c in dem Metallplättchen b geregelt wird. — Nach erfolgter Oeffnung des Stroms und Verschwinden des Magnetismus im Eisen des Electromagnets zieht die Feder den Ankerhebel wieder in die frühere Lage zurück und vermittelt durch diese Rückbewegung ein Fortschieben des Papiers und das Herausziehen der Zeigerspitze aus demselben, sowie die ungestörte Beweglichkeit des Zeigers bis zur folgenden Marquirung. Indem nämlich das linke Ende des Hebels wieder heraufgeht, bewirkt es vermittelst des Hackens W eine Drehung des Zahnrades X um einen der Grösse eines Zahnes entsprechenden Bruchtheil einer ganzen Umdrehung. Mit dem Zahnrad dreht sich aber gleichzeitig auch die Walze g und vermittelst Reibung die zweite k, so dass das zwischen beiden befindliche Papier um einen der Drehung entsprechenden Bruchtheil der Peripherie — ungefähr 1^{mm} — fortgezogen wird. Diese Fortschiebung des Papiers beginnt gleich mit der Rückbewegung des Ankerhebels, also ehe die Zeigerspitze das Papier verlassen hat, würde somit, wenn diese fest mit dem Zeigerende verbunden wäre, durch sie gehemmt werden. Die beschriebene Drehbarkeit des Stiftes c mit seinem Träger am Ende des Zeigers macht, dass derselbe zunächst der Bewegung des Papiers folgen kann und dann, wenn er durch die Rückbewegung der Gabel d ganz aus dem Papier herausgehoben worden ist, von selbst in seine normale Stellung zurückfällt.

Damit bei der raschen Rückbewegung des Ankerhebels durch den Stoss des Hackens das Zahnrad nicht um mehr als einen Zahn fortgehen könne, ist am Ende des Hebels noch ein in die Zähne einfallender, in der Zeichnung fortgelassener Widerhacken angebracht.

Die Zeigerspitze bewegt sich nun wegen der verschiedenen Ausdehnung der beiden Metalle der Spirale nach der einen oder andern Seite, je nachdem die Temperatur fällt oder steigt; wird also der Strom der galvan. Batterie in aufeinanderfolgenden gleichen Zeitintervallen je eine kurze Zeit lang geschlossen, so werden die Punkte, welche der Reihe nach auf dem Papierstreifen durch die Zeigerspitze marquirt werden, in ihrer Folge eine Art Curve darstellen, deren Abscissen den Zeiten und deren Ordinaten den jeweiligen Temperaturen des Raumes entsprechen, in welchem die thermometrische Spirale A sich befindet. Sollen diese Temperaturen aus den Aufzeichnungen absolut bestimmt werden, so ist zunächst eine Ausmessung der Ordinaten der Temperatur-Curve nothwendig. Man könnte zu dem Ende den Rand des Papierstreifens als Ausgangspunkt benutzen, wenn man sicher wäre, dass derselbe bei der Fortschiebung nicht seitlich verschoben würde. Da indessen diese Bedingung in Wirklichkeit nicht genau zu erfüllen ist, so hat man es vorgezogen, ungefähr in der Mitte des Papierstreifens durch die kleine Rolle im Stück Z eine Längsfurche ziehen zu lassen, welche wir in der Folge schlechtweg die Mittellinie nennen werden und von welcher an man die Ordinaten nach oben und unten misst. Wenn der Zeiger mit seiner Spitze über dieser Mittellinie steht, so soll die Temperatur der Spirale annähernd der Mitteltemperatur des Beobachtungsortes entsprechen. Ist diese Bedingung nicht erfüllt, so kann man ihr leicht dadurch genügen, dass man die Klemme E löst und die Spirale mit der Röhre C nach der einen oder andern Seite um eine entsprechende Grösse dreht. Um nun aus der Ausmessung der Ordinaten der Temperatur-Curve resp. also der Entfernungen der Punkte von der Mittellinie auf die Temperaturen der Spirale schliessen zu können, ist erforderlich, dass diejenige Temperatur der letztern genau bestimmt werde, bei welcher der Markirpunkt der Spitze auf die Mittellinie fällt und dass der Werth bestimmter Ausschläge der Zeigerspitze in Temperaturgraden ermittelt werde. Zur sichern Ausführung dieser Fundamental-Bestimmungen ist sowohl dem Zeiger als dem Träger der Spirale die besondere in der Zeichnung dargestellte Form gegeben worden. Diese ermöglicht nämlich, von unten unbeschadet der Beweglichkeit des Zeigers ein Gefäss mit Wasser über die Spirale hinaufzuschieben, so dass sie ganz in das Wasser eintaucht, und so dieselbe auf verschiedene, vermittelst eines in das Wasserbad eintauchenden Thermometers genau zu messende Temperaturen zu bringen. Bei unserem Instrumente wurde zu dem Ende ein doppelwandiges cylindrisches Zinkgefäss, bei welchem der Zwischenraum zwischen beiden Wänden mit Baumwolle ausgefüllt war, über die Spirale geschoben, das Wasser darin durch Eis und Zugiessen von warmem Wasser auf verschiedene Temperatur gebracht, das Thermometer abgelesen, wenn dieselbe nach längerem Umrühren je constant geworden war, und dann zu gleich durch Niederdrücken eines Tasters in der Nähe ein electrischer Strom geschlossen, welcher die Markirung des Stands der Zeigerspitze bewerkstelligte. Die 12 Beobachtungen, die man in dieser Weise anstellte, lassen sich, wenn die Ausschläge der Zeigerspitze der Temperatur proportional erfolgen offenbar nach der Formel:

$$1. \qquad t - x = \pm a \cdot y$$

darstellen, wo t die beobachtete Temperatur, x die gesuchte der Mittellinie entsprechende Temperatur, a die Entfernung des der Temperatur t entsprechenden Markirpunktes von der Mittellinie ($+$ wenn sie nach oben und $-$ wenn sie nach unten gerichtet sind), endlich y der der Einheit der Entfernung entsprechende Werth in Temperaturgraden, den wir ebenfalls suchen. Als Einheit für t wählte man Celsius'sche Grade — das Thermometer war genau verificirt — als Einheit für die Abmessung der Entfernungen a Millimeter und erhielt dann folgende 12 Gleichungen nach dem Schema der obigen Formel:

$$5{,}3 - x = -1{,}3\,y$$
$$10{,}3 - x = 6{,}8\,y$$
$$15{,}5 - x = 15{,}8\,y$$
$$19{,}0 - x = 21{,}4\,y$$
$$20{,}6 - x = 24{,}0\,y$$
$$21{,}1 - x = 24{,}5\,y$$
$$21{,}9 - x = 26{,}1\,y$$

$$23,6 - x = 29,5\,y$$
$$25,6 - x = 31,7\,y$$
$$26,0 - x = 33,0\,y$$
$$26,4 - x = 33,6\,y$$
$$26,5 - x = 33,7\,y.$$

Berechnet man hieraus nach der Methode der kleinsten Quadrate die Werthe von x und y, so findet man:

$$x = 6,^{0}054 \qquad\qquad y = 0,^{0}60494.$$

Ist nun unsere obige Voraussetzung, dass die Ausschläge der Zeigerspitze der Temperatur proportional erfolgen, wirklich bei unserm Apparat erfüllt, so müssen die mittelst dieser Werthe von x und y und den einzelnen Daten für a nach der Formel 1. rückwärts berechneten Werthe von t innerhalb der Beobachtungsfehler mit den beobachteten Grössen übereinstimmen. Die folgende Tafel gibt die beobachteten und berechneten Werthe von t und ihre Differenzen:

Beobachtung	Berechnung	Differenz
$5^{0},3$	$5^{0},26$	$0^{0},04$
10,3	10,17	0,13
15,5	15,61	— 0,11
19,0	19,00	0,00
20,6	20,57	0,03
21,1	20,87	0,23
21,9	21,84	0,06
23,6	23,90	— 0,30
25,1	25,23	— 0,13
26,0	26,01	— 0,01
26,4	26,38	0,02
26,5	26,44	0,06

Die mittlere Differenz beträgt $\pm\, 0^{0},093$, die vollständig innerhalb die Grenzen der Beobachtungsfehler fällt; es sind somit, wie übrigens früher und später ähnliche Beobachtungen bei gleichen Spiralen ebenfalls ergeben haben, die Ausschläge in der That der Temperatur proportional zu setzen. Die grosse Uebereinstimmung im Gange dieser Metallthermometer mit dem des Quecksilberthermometers beruht meines Erachtens hauptsächlich auf dem Umstande, dass hier keinerlei Fühlhebel zur Anwendung kommen.

Die der Mittellinie entsprechende Temperatur war also dem Obigen zufolge: $6^{0},054$, die Mitteltemperatur von Bern ist aber ungefähr 8^{0};

es wurde desshalb die Spirale etwas verstellt, so dass nach noch-
maliger Normalpunktsbestimmung die der Mittellinie entsprechende
Temperatur dann $9^0,234$ wurde. Von da an waren also aus den Aufzeichnungen des Instrumentes die Temperaturen t in Celsius'schen
Graden nach der Formel:

$$t = 9^0,23 \pm 0,6049 \cdot a$$

zu berechnen, wo also $\pm a$ die in Millimeter ausgedrückten Entfer-
nungen der betreffenden Markirpunkte nach oben oder unten von der
Mittellinie aus darstellen. Der einem Celsius'schen Grade entsprechende
Ausschlag der Zeigerspitze ist also hienach:

$$1^0 \text{ C.} = \frac{1}{0,6049}^{mm} = 1,653^{mm}.$$

Da nun der Papierstreifen 100^{mm} breit ist, so entspricht diese
Breite einer möglichen Temperatur-Variation von 60^0 C., welche wohl
in Bern nicht überschritten wird. Um die Bestimmung der Temperatur
aus den Aufzeichnungen für die Praxis noch weiter zu vereinfachen,
liess ich der vorstehenden Zahl gemäss eine Theilung auf durchsichtigem
Hornpapier durch die Herren Hermann und Studer, Mechaniker
dahier, anfertigen, bei welcher die einzelnen Theilstriche um $1,653^{mm}$
von einander abstanden (der Raum von $165,3^{mm}$ wurde mit der Theil-
maschine in 100 gleiche Theile getheilt) und wo dann bei der der
Mittellinie entsprechenden Temperatur $9^0,23$ noch ein besonderer roth
eingelassener Strich gezogen war. Bringt man beim Auflegen dieses
Blattes auf den Papierstreifen diese rothe Linie mit der Mittellinie zur
Coïncidenz, so kann man die den einzelnen Markirpunkten entsprechenden
Temperaturen an dieser Scale unmittelbar wie an einer Thermometer-
scale ablesen und zwar wegen der Grösse der Grade sehr leicht mit
einer Genauigkeit von $0^0,1$.

Es frägt sich nun noch, ob diese einmal bestimmte Scale unsers
Thermometers auch im Laufe der Zeit unverändert bleibe, oder ob
wie bei gewöhnlichen Quecksilber-Thermometern der Nullpunkt herauf-
oder herunterrücke, ja vielleicht sogar der Werth eines Grades ein
anderer werde. Die vorstehenden Bestimmungen waren im October
1863 gemacht worden und wurden zur Entscheidung dieser Frage im
August 1864 wiederholt. Aus 32 analogen Temperaturbeobachtungen,
bei welchen die Temperaturen zwischen $7^0,1$ und $33^0,4$ schwankten,
berechneten sich nach der Methode der kleinsten Quadrate die in der
folgenden Reductionsformel enthaltenen Constanten:

$$t = 9^0,61 \pm 0,6048 \cdot a.$$

Es ist also wieder:

$$1^0 \text{ C.} = 1,653^{mm}$$

und es hat sich somit innerhalb eines Jahres der Werth eines Grades nicht merklich verändert, dagegen ist die der Mittellinie entsprechende Temperatur während dieser Zeit um $0^0,38$ gestiegen.

Ende November 1864 wurde das Thermometer bei der Aufstellung eines zweiten Instrumentes auf demselben Pfahle starken Erschütterungen ausgesetzt, in Folge deren die der Mittellinie entsprechende Temperatur gemäss neuen Normalpunktbestimmungen im Januar 1865 um $1^0,01$ sich geändert hatte, nämlich $8^0,60$ entsprach. Die letzte vorliegende Bestimmung endlich von Normalpunkten, an diesem Thermometer angestellt im Januar 1866, ergab für die Temperatur der Mittellinie den Werth: $8^0,00$.

Es folgt also aus diesen Daten, dass unser Instrument, wenn es nicht starken Erschütterungen ausgesetzt wird, in einem Jahre seinen Normalpunkt durchschnittlich um nicht mehr als $0^0,5$ C. verändert, d. h. also um eine Grösse, welche die der Normalpunktveränderungen bei gewöhnlichen Quecksilberthermometern kaum überschreitet. Wenn man also nur etwa halbjährlich eine neue Normalpunktsbestimmung wie bei einem gewöhnlichen Thermometer macht, so bedarf man bei unserm Registrirthermometer keiner weitern Controlbeobachtungen, um später aus seinen Aufzeichnungen die Temperaturen mit einer Genauigkeit von $0^0,1$ bis $0^0,2$ C. ableiten zu können.

Die geringe Veränderung des Normalpunkts beim vorliegenden Instrument ist hauptsächlich der Vorsicht zuzuschreiben, dass das feste innere Ende der Spirale sehr solide und durchaus metallisch mit dem Träger der die Mittellinie ziehenden Rolle verbunden ist. Bei einem älteren Instrumente der Art, wo diese Verbindung theilweise aus Holz bestand, änderte sich der Normalpunkt im Laufe des Sommers um 1^0 C.

Damit der Stahl der Spirale unter dem Einfluss der Luftfeuchtigkeit und beim Eintauchen in's Wasser behufs Bestimmung der Normalpunkte nicht roste, ist die Spirale mit einem dünnen Ueberzug von gutem Bernsteinfirniss versehen worden. Erfahrungen an dem schon erwähnten ältern Instrumente hatten nämlich gezeigt, dass ein solcher viel bessere Dienste thue, als eine noch so sorgfältig ausgeführte Vergoldung der Spirale.

Das beschriebene Instrument ist bestimmt, die Temperatur der freien Luft anzugeben. Ich liess es daher auf der ganz freien Terrasse des Anbaus an die Sternwarte auf einem 1,2 Meter hohen Pfahle an der nördlichen Ecke derselben, 5 Meter über dem Erdboden aufstellen. Zu dem Ende wurde auf den Pfahl ein Holzgehäuse gesetzt, das um eine in denselben eingelassene vertikale eiserne Axe drehbar ist und aus zwei fast ganz getrennten Abtheilungen besteht. In der ersten ringsum geschlossenen und mit einer Thüre versehenen Abtheilung befindet sich der registrirende Theil des Apparates mit seinem besonderen Gehäuse von Glas und Holz; die thermometrische Spirale und ihr metallischer Träger ragen durch eine Oeffnung in die zweite Abtheilung hinein, die zur vollständigen Abhaltung der directen Sonnenstrahlung einen doppel-wandigen, nur nach unten und nach Norden zu offenen Holzkasten repräsentirt. Zur Vermeidung endlich der störenden Strahlung gegen die innern Wände dieses Kastens, gegen den kalten Weltraum und den Erdboden ist innerhalb der erstern die thermometrische Spirale nach den von mir angegebenen Principien [1]) noch von einem Gehäuse von Zinkblech umgeben, welches durch Zusammensetzung aus einer Reihe getrennter, aber übereinandergreifender Theile gleichwohl hin-länglich weite Oeffnungen auf allen Seiten darbietet, um der Luft freien Zutritt zur Spirale zu gestatten.

3. Das Barometer.

Das Registrirbarometer ist ein sogen. **Wagbarometer**, wie es zuerst von **Secchi** in Rom angegeben worden ist. Das Wagbarometer bietet in seiner Anwendung zur Selbstregistrirung so wesentliche Vor-theile dar gegenüber der früheren Methode der Registrirung des Baro-meterstandes durch einen Schwimmer im offenen Schenkel eines Heber-barometers, dass man sich nur verwundern muss, seit der Erfindung desselben · noch oft Registrirbarometer nach diesem ältern Principe neu construirt zu sehen. Die treibende Kraft oder die Empfindlichkeit für die Registrirung kann nämlich beim Wagbarometer beliebig da-durch vergrössert werden, dass man die Barometerröhre von grösserm Durchmesser nimmt, sodann lässt sich das Instrument, wie wir sehen werden, leicht so einrichten, dass man mit Hülfe eines Kathetometers unmittelbar an ihm selbst den Barometerstand ablesen und so seine

---

[1]) Mittheilungen der naturf. Gesellschaft in Bern, Nr. 450—454.

Graduirung vornehmen kann; endlich, und es ist dies der Hauptvortheil, bedürfen seine Angaben keiner Reduction auf den Nullpunkt der Temperatur. Da nämlich bei demselben das Gewicht und nicht blos die Höhe der vom Luftdrucke gehobenen Quecksilbersäule gemessen wird, so hat die Temperatur auf seine Angaben keinen Einfluss.

Die Barometerröhre unsers Instruments A Fig. 1 Taf. XXIII hat in ihrem untern Theil einen innern Durchmesser von blos 6^{mm}, am obern Ende aber ist ein Gefäss B von 32^{mm} innerm Durchmesser angeschmolzen, dessen cylindrischer Theil eine Höhe von 60^{mm} besitzt. Unten taucht die zu einer Spitze ausgezogene Röhre in ein 50^{mm} in's Quadrat haltendes und 120^{mm} hohes, halb mit Quecksilber gefülltes Holzgefäss ein, bei welchem zwei gegenüberstehende Wände durch Spiegelglasplatten gebildet werden. Vermittelst des Bügels C, der den engern Theil der Röhre bei D umschliesst, ist die Barometerröhre durch das Zwischenstück Q am einen Arm des Wagbalkens I aufgehängt. Zwischen diesem Bügel und dem weitern Theil der Röhre befindet sich noch ein die Röhre umschliessender Ring mit zwei diametral gegenüberstehenden Oeffnungen, welcher in beliebiger Höhe durch die Klemme E am Bügel C festzustellen ist (siehe auch die Fig. 2). Der Wagebalken I dreht sich um die scharfe Kante der Stahlschneide x, sein zweiter Arm ist nach unten gebogen und läuft da in eine Stahlstange II mit verschiebbarem Laufgewicht III aus; endlich besitzt der Balken einen dünnen, federnden Zeiger K, der an seinem Ende wie der Zeiger des Registrirthermometers mit einer beweglichen, hier aber horizontal nach hinten gestellten Spitze versehen ist, wie aus der Fig. 3 deutlicher erhellt. Die Schneide des Wagebalkens ruht auf Stahlpfannen, die in einen scheerenförmigen Träger eingelassen sind, und dieser Träger ist unmittelbar an der metallischen Grundplatte des Apparats befestigt, auf welcher auch die zur Registrirung des Zeigerstandes bestimmten Theile desselben angeschraubt sind. Dieselben sind in der Tafel XXIII nur angedeutet, da sie im Wesentlichen genau gleich sind wie beim Registrirthermometer (die entsprechenden Theile sind mit denselben Buchstaben bezeichnet). Der Unterschied besteht fast allein darin, dass der Papierstreifen hier vertikal von oben nach unten sich bewegt.

Die vertikale metallene Grundplatte des Apparats ist an einem 3^{cm} dicken eichenen Brette festgemacht, an welchem weiter unten ein in der Höhe verstellbares Tischchen von Mahagoniholz befestigt ist, das dem untern Quecksilbergefäss des Barometers zum Träger dient.

Dieses eichene Brett bildet nun gleichzeitig die Rückwand eines mit einer Thüre versehenen Gehäuses von Glas und Mahagoniholz und ist unmittelbar an der Wand des Zimmers im Innern eines grössern Glasschrankes des erwähnten Anbaus an die Sternwarte angeschraubt.

Die Registrirung des Zeigerstandes des Wagebalkens‑erfolgt ebenfalls in ganz entsprechender Weise wie beim Thermometer und bedarf desshalb keiner weitern Erörterung. Der Zeigerstand aber wechselt wie leicht ersichtlich mit dem Barometerstand in der Art, dass bei wachsendem Luftdruck, wo mehr Quecksilber in das obere Gefäss der Barometerröhre tritt, der Zeiger in Folge des Uebergewichts auf dieser Seite nach rechts ausschlägt, dagegen bei abnehmendem Barometerstand nach links sich bewegt. Das Gleichgewicht wird wie bei den sogen. Sortirwagen je dadurch wieder hergestellt, dass der Hebelarm, an welchem das Laufgewicht *III* wirkt, sich vergrössert oder verkleinert, während derjenige, der dem Aufhängepunkt des Barometerrohrs entspricht, sich ziemlich gleich bleibt. Die Markirpunkte im Papier werden somit auch hier in ihrer Reihenfolge eine Art Curve darstellen, deren horizontale Coordinaten den jeweiligen Barometerständen entsprechen.

Durch einige Vorversuche wurde zunächst der Apparat wieder in der Art regulirt, dass beim mittlern Barometerstand die Zeigerspitze sich annähernd über der durch die kleine Rolle gezogenen Mittellinie befand und das Quecksilberniveau im obern Theil der Barometerröhre annähernd in die Mitte desselben fiel. Es liess sich dies leicht durch Heben und Senken des unteren Quecksilbergefässes, sowie durch Verschiebung des Laufgewichts erreichen. Darnach schritt man zu den Fundamentalbestimmungen behufs Reduction der Aufzeichnungen auf in ·Millimetern auszudrückende Barometerstände. Ein erster Versuch dazu, bei welchem man Beobachtungen an einem gewöhnlichen Stationsbarometer mit den gleichzeitigen Aufzeichnungen unsers Instruments verglich, gab wohl hauptsächlich desshalb sehr unbefriedigende Resultate, weil diese beiderlei Beobachtungen eigentlich nicht unmittelbar zu vergleichen waren. Während nämlich einerseits die Depression des Quecksilbers in der Röhre des Wagbarometers Null ist, in der blos etwa 9^{mm} weite Röhre des Stationsbarometers dagegen noch einen ziemlichen und variabeln Betrag erreicht, hat anderseits auf die Aufzeichnungen des Wagbarometers die Adhäsion einen für solche Vergleichungen sehr störenden Einfluss. So lange nämlich das Quecksilber in der Röhre des Wagbarometers steigt, zeigt die Oberfläche desselben

stets sehr nahe dieselbe in der Mitte ebene, an den Rändern convexe
Gestalt; fällt dagegen das Quecksilber, so hängt es sich an der Glaswandung wie bei gewöhnlichen Barometern an und die Oberfläche wird,
wenn auch nicht convex, so doch häufig bis zum Rande ganz eben;
in diesem Falle ist also der Meniscus mit Quecksilber angefüllt. Es
wird desshalb unsere Röhre bei gleichem Barometerstande schwerer
sein, wenn der letztere abnimmt als wenn er zunimmt, also auch bei
gleichem Barometerstande in diesen beiden Fällen der Zeiger eine
andere Stellung einnehmen. Bei gewöhnlichen Barometern sucht man
dieses störende Anhängen des Quecksilbers durch Klopfen an der Röhre
zu beseitigen; beim Wagbarometer kann dies viel vollkommener dadurch erreicht werden, dass man die Röhre vor der Beobachtung resp.
Registrirung etwas aus dem Quecksilbergefäss unten emporhebt; über-
lässt man dann das Instrument wieder sich selbst, so kehrt jetzt, wenn
auch im Allgemeinen das Barometer im Fallen begriffen ist, das Quecksilber doch durch Ansteigen zu seinem ursprünglichen Stand zurück
und erhält so seine normale convexe Oberfläche. Zur Zeit ist nun bei
unserm Instrumente noch keine Vorrichtung angebracht, welche dieses
Emporziehen der Röhre je vor der Registrirung des Zeigerstandes be-
sorgte und dadurch also dieses allfällige störende Anhängen des Quecksilbers an der Glaswandung beseitigte. Für die Registrirungen im
Ganzen genommen hat dieser Uebelstand eine um so geringere Bedeutung, da dadurch blos das Fallen des Barometers in der Registrirung etwas verzögert wird, vielleicht auch die absoluten Minima etwas
geringer ausfallen.[1]) Bei der Vergleichung dagegen einzelner Aufzeichnungen mit gleichzeitigen Messungen an andern Barometern machen
sich die daraus entspringenden Fehler, da sie bis zu 1^{mm} ansteigen,
sehr fühlbar. Sie verschwinden, wenn man bei solchen Vergleichungen
die Vorsicht anwendet, je kurz vor der Registrirung die Röhre des
Wagbarometers etwas emporzuziehen. Dieses Verfahren wurde bei den
definitiven Fundamentalbestimmungen mit Erfolg eingeschlagen, zugleich
aber auch der ursprünglichen Absicht gemäss noch eine weitere Ver-
vollkommnung eingeführt. Der beschriebenen Einrichtung und Her-
stellung zufolge stellt nämlich unser Wagbarometer zugleich ein sehr

---

[1]) Das ist denn auch vorzugsweise der Grund, wesshalb bis dahin die eben
erwähnte Vorrichtung noch nicht angebracht ist, obschon dieselbe mit geringen
Kosten und ohne störende Complication des Apparates auszuführen wäre.

vollkommenes Normalbarometer dar, bei dem man vermittelst eines vor
dem Instrumente aufgestellten Kathetometers die wegen der Weite der
Röhre von der Capillarität ganz unabhängige Niveaudifferenz des
Quecksilbers in der Röhre und im Gefäss unten genau messen kann.
Damit diese Messungen fundamentale Bedeutung haben, war noch nothwendig, sich zu versichern, dass der Raum oberhalb des Quecksilbers
in der Röhre hinlänglich leer und das Quecksilber selbst rein sei, d. h.
das richtige specifische Gewicht habe. Das Erstere wurde nach der
Arago'schen Methode untersucht und gefunden, dass die allfällig im
Vacuum vorhandene Luft den Barometerstand noch nicht bis zu $1/_{50}$ mm
afficire; das specifische Gewicht des sorgfältig gereinigten Quecksilbers
fand ich gleich 13,5956 bei 0^0, also blos um 0,0003 geringer als der
von Regnault bestimmte Werth, welche Differenz den Barometerstand nur um 0,016 mm unrichtig macht. [1]) Für die Messungen der
Barometerhöhen benutzte ich das von Hermann & Studer dahier
ausgeführte, vortrefflich gearbeitete Kathetometer des physikalischen
Kabinets, welches seiner ganzen Construction nach bei derartigen Bestimmungen eine Genauigkeit von $1/_{50}$ mm zu erreichen gestattet. Der
Fehler der Theilung ist nachträglich durch Vergleichung mit dem
schweizerischen, in Paris verificirten Muttermeter ermittelt worden.
Dasselbe kam vor dem Glasschrank in 1 Meter Entfernung vom Instrumente auf einen soliden hölzernen Dreifuss zu stehen, der seinerseits auf einer, in einen Ausschnitt des Zimmerbodens eingelassenen,
unmittelbar auf dem Kellergewölbe ruhenden Steinplatte stand, wodurch
die Messungen von den Erschütterungen des Zimmerbodens unabhängig
wurden. Der verschiebbare Ring E am Bügel C mit seinen Ausschnitten
dient dazu, die Beleuchtung der Quecksilberoberfläche so zu reguliren,
dass dieselbe, wie dies für die Einstellungen des Fernrohrs nothwendig
ist, hell auf dunklem Grunde erscheint. Die Temperatur der Scale
wurde an einem am Kathetometer selber eingelassenen Thermometer
bestimmt, diejenige des Quecksilbers dagegen an einem andern Thermometer abgelesen, das in eine besondere mit Quecksilber gefüllte und
unmittelbar neben dem Barometer aufgestellte Röhre so tief eintauchte,
dass sein Gefäss ungefähr in einer der Mitte der gehobenen Quecksilbersäule im Barometer entsprechenden Höhe sich befand. — In dieser

---

[1]) Einen genauen Nachweis dieser Bestimmungen halte ich hier für über-
flüssig; ich werde ihn später anderwärts geben.

Weise wurden im Laufe des Octobers und zu Anfang des Novembers 1863 im Ganzen 38 Messungen mit dem Kathetometer gemacht, bei welchen der Barometerstand von 700 bis 723 ^{mm} variirte. Die Reduction der letztern auf $0°$ berechnete man nach der Formel:

$$h_0 = h_1 (1 — 0,00016275 . t),$$

indem man für den linearen Ausdehnungscoëfficienten des Messings der Scale 0,000018782 und für den kubischen des Quecksilbers 0,00018153 annahm. Setzt man nun wieder die Ausschläge der Zeigerspitze als den Aenderungen des Barometerstandes proportional voraus, so lassen sich die auf $0°$ reducirten Barometerstände h, zusammengehalten mit den gleichzeitigen Aufzeichnungen des Wagbarometers, nach der Formel:

$$h — x = \pm b . y$$

darstellen, wo x den gesuchten, der Mittellinie entsprechenden Barometerstand, b die Entfernung des dem Barometerstand h entsprechenden Markirpunktes von der Mittellinie, endlich y den gesuchten, der Einheit der Entfernung entsprechenden Werth in Millimetern des Barometerstandes repräsentirt. Man erhielt so 38 Gleichungen, aus denen man wieder nach der Methode der kleinsten Quadrate die Unbekannten x und y bestimmte. Es ergab sich:

$$x = 712,428^{mm}, \quad y = 0,43556.$$

War unsere Voraussetzung richtig, so musste wieder die Rückberechnung der Werthe von h aus den einzelnen Daten für b vermittelst dieser Werthe von x und y Zahlen liefern, welche innerhalb der Beobachtungsfehler mit den gegebenen übereinstimmten. Die mittlere Differenz der beobachteten und berechneten Werthe von h betrug nun: $\pm 0,202^{mm}$. Da diese Differenz jedenfalls ziemlich grösser ist, als der Fehler der kathetometrischen Messung, so wurden die Beobachtungen für Barometerstände diesseits und jenseits der Mittellinie noch getrennt einer entsprechenden Berechnung unterworfen. Man erhielt indessen sehr nahe dieselben Werthe für x und y und nach der Rückwärtsberechnung auch sehr nahe gleich grosse Differenzen zwischen den berechneten und beobachteten Barometerständen. Es scheint daher wohl in Folge des erwähnten störenden Einflusses der Capillarität überhaupt 0,2 ^{mm} die Genauigkeitsgrenze der Angaben unsers Wagbarometers zu sein und innerhalb dieser Grenze sind also auch die Ausschläge des Zeigers den Aenderungen des Barometerstandes proportional. Aus den Aufzeichnungen des Instrumentes ist somit der auf $0°$ reducirte Barometerstand h in Millimetern nach der Formel:

$$h = 712{,}43 \pm 0{,}43556 \cdot b$$

zu berechnen, wo $\pm b$ die in Millimetern ausgedrückten Entfernungen der betreffenden Markirpunkte nach links oder rechts von der Mittellinie aus darstellt. Der einem Millimeter Aenderung des Barometerstandes entsprechende Ausschlag der Zeigerspitze ist sonach: 2,296 mm. Da nun der Papierstreifen wieder 100 mm breit ist, so entspricht diese Breite einer möglichen Variation des Barometerstandes von 44 mm, eine Zahl, die nur in sehr extremen Fällen überschritten wird. Auch hier liess man endlich, zur unmittelbaren raschen Ablesung der Barometerstände aus den Aufzeichnungen eine Scale auf Hornpapier anfertigen, bei welcher die einzelnen Theilstriche um 2,296 mm von einander entfernt und der der Mittellinie entsprechende Stand 712,43 mm durch eine besondere Linie markirt war. Da nach den vorliegenden Beobachtungen der mittlere Barometerstand in Bern 712,36 mm ist, so entspricht also der der Mittellinie entsprechende Barometerstand demselben sehr nahe.

Im Laufe des März 1865, also anderthalb Jahre nach der ersten Bestimmung, sind in entsprechender Weise wieder eine Zahl von Fundamentalbeobachtungen angestellt worden, bei welchen der Barometerstand von 723 bis 702 mm variirte und die, ebenfalls nach der Methode der kleinsten Quadrate berechnet, für die beiden Constanten die Werthe:

$$x = 712{,}62 \text{ mm} \quad \text{und} \quad y = 0{,}41439$$

ergaben. Der einem Millimeter Aenderung des Barometerstandes entsprechende Ausschlag der Zeigerspitze war also zu dieser Zeit: 2,414 mm, also um 0,118 mm grösser als früher, und der der Mittellinie zukommende Stand hätte sich hienach in anderthalb Jahren um 0,19 mm vergrössert. Diese beiderlei Veränderungen lassen sich gleichzeitig dadurch erklären, dass man ein langsames Verdampfen des Quecksilbers im offenen Gefäss unten und insbesondere ein Senken des Trägers dieses mehrere Kilogramm schweren Gefässes annimmt. Durch eine solide metallische Verbindung des Gefässträgers mit der Grundplatte des Registrirapparats und dem Träger des Wagbalkens könnte dem letztern vorgebeugt werden. Es sind freilich noch zwei andere Ursachen einer solchen Verschiebung auf den ersten Anblick gedenkbar, nämlich ein Eindringen von Luft in's Vacuum des Barometers und eine Veränderung der Entfernung des Wagbalkenträgers und des Trägers des fixen Quecksilbergefässes unten durch Wärmeausdehnung. Eine nähere Betrachtung zeigt indessen sofort, dass diese beiden Umstände in unserm Falle keinen störenden Einfluss haben können. Wenn nämlich auch Luft in's Vacuum eingedrungen wäre und in Folge dessen das Quecksilber in der Röhre tiefer stände, als unter normalen Umständen, so wird ja auch, da die Messungen mit dem Kathetometer an dieser Quecksilbersäule erfolgen, das Resultat der letztern um dieselbe Grösse geringer ausfallen, also bei der Vergleichung von Zeigerstand und Barometerhöhe keine Differenz daraus entstehen. Wohl aber wären dann die so erhaltenen Fundamentalbestimmungen um einen gewissen Betrag zu klein und es erschien daher wünschenswerth, sich auf anderem Wege von der Grösse desselben einen Begriff zu verschaffen. Dies geschah dadurch, dass man von Zeit zu Zeit an einem in Betreff Weite und Gestalt der Röhre und des Gefässes genau gleich beschaffenen Barometer des physikalischen Kabinets vermittelst des erwähnten Kathetometers nach der Arago'schen Methode Messungen über ein allfälliges Eindringen von Luft in's Vacuum anstellte und dann mit Hülfe eines Reisebarometers das erstere mit diesem verglich. Diese Untersuchungen ergaben allerdings bei beiden Instrumenten ein solch' allmäliges Eintreten von Luft; während aber die im Laufe von 3 Jahren eingedrungene Quantität Luft bei demjenigen des physikalischen Kabinets so gering war, dass sie bei mittlerem Barometerstand den letztern blos um $0{,}05^{mm}$ verringerte, erreichte dieser störende Einfluss bei dem Registrirbarometer während dieser Zeit den Werth von $0{,}56^{mm}$. Die hieraus entspringenden Correctionen sind nachträglich bei den Verarbeitungen der Registrirungen angebracht worden. Was den zweiten Umstand betrifft, so besteht die starre Verbindung zwischen den Trägern des Wagbalkens und Quecksilbergefässes zum Theil aus Holz, zum Theil aus Eisen. Hätte sie ganz aus dem letztern, viel stärker als das Holz sich ausdehnenden Metalle bestanden, so müsste in unserm Falle, wo diese Entfernung etwa 1 Meter beträgt, die mittlere Temperatur bei den Fundamentalbestimmungen um etwa 16^{0} verschieden gewesen sein, damit daraus eine Veränderung des Werths der Mittellinie im Betrag von $0{,}2^{mm}$ hätte resultiren können. In Wirklichkeit betrug diese Temperaturdifferenz indessen blos etwa 1^{0}. Steht das Barometer wie in unserm Falle in einem im Winter geheizten Zimmer, in welchem die Temperaturschwankungen im Lauf des Jahres 16^{0} durchschnittlich nicht übersteigen, so kann der aus dem eben erörterten Umstande für die Aufzeichnungen überhaupt entspringende Fehler selbst bei metallischer Verbindung des Wagbalken- und Gefäss-Trägers die oben angegebene Genauigkeitsgrenze der Angaben unsers Wagbarometers noch

2*

nicht übersteigen. Wäre dagegen das Instrument im Freien aufgestellt, so dass die Temperatur um 40 -- 50⁰ im Laufe des Jahres variirt, so würde eine in geringerem Maasse sich ausdehnende Holzverbindung, wie sie bei unserm Instrumente besteht, zweckmässiger sein.

4. Der Windrichtungsmesser.

Bei der Construction des zur Registrirung der Windrichtung dienenden Apparats stellte man sich die Aufgabe, die Windrichtung in ähnlicher Weise aufgezeichnet zu erhalten, wie man sie häufig graphisch darstellt, nämlich so, dass die acht Hauptwinde durch Punkte angegeben werden, welche in der einen oder anderen von acht nebeneinander-stehenden Columnen markirt werden, während den aufeinanderfolgenden Punkten in derselben Columne die verschiedenen Zeiten entsprechen. Dieser Anforderung ist in befriedigender Weise durch die Einrichtung des Apparats genügt worden, wie sie aus Tafel XXIV Fig. 1 (Seiten-ansicht) und Fig. 2 (Grundriss) zu ersehen ist.

A ist die Stange der Windfahne, welche sich an ihrem oberen Ende konisch zu einer etwas dickern erweitert. Die letztere trägt einer-seits die aus zwei unter 20^0 gegeneinander geneigten Eisenblechen bestehende Fahne, anderseits zur Aequilibirung einen Stab mit Blei-gewicht. Mit der konischen Erweiterung ruht die Fahne in dem konischen Lager einer die Stange A umgebenden Röhre, die ihrerseits vom Gehäuse des Instrumentes getragen wird. Zum Schutz dieses Lagers gegen atmo-sphärische Einflüsse ist oberhalb desselben an der Stange wasserdicht ein Trichter befestigt, dessen Erweiterung nach unten gekehrt und mit einem cylindrischen Ansatz versehen ist, welcher ohne Berührung die Röhre eine Strecke weit umhüllt. Diese Theile sind aus der perspectivischen Zeichnung des Universalapparates Tafel XXVIII zu ersehen.

Am unteren Ende läuft die Fahnenstange A in eine Stahlspitze aus, womit sie in der konischen Vertiefung der Stahlschraube B ruht. Diese Schraube wird von einem an der Seitenwand H' des Registrir-Apparats festgeschraubten Bügel D getragen und lässt sich durch die Klemmmutter C feststellen. Es geschieht dies, nachdem man durch Aufwärtsschrauben von B die Stange soweit gehoben hat, dass sie in dem konischen Lager am oberen Ende nur leise aufliegt und so die Reibung bedeutend vermindert wird.

Das konische gezahnte Rad E in der Nähe des unteren Endes der Stange A setzt die Drehung der letzteren um eine vertikale Axe vermittelst des Zahnrades F in eine entsprechende der Welle G um eine horizontale Axe um. Zur Registrirung des Standes der Windfahne sind an dieser Welle acht Stahlwulste in einer Spirale aequidistant so angeordnet, dass die letztere gerade einen Umgang macht resp. die Distanz zweier benachbarter Wulste $^1/_8$ der Peripherie beträgt. Hinter dieser Welle befinden sich acht vertikale, den Wulsten entsprechende Stahlfedern, welche oben an dem Träger K festgeschraubt und unten der Reihe nach mit den Buchstaben N, NO, O etc. bezeichnet sind. Jede Feder trägt an ihrem untern Ende eine ganz wie beim Barometer befestigte, nach hinten gerichtete Stahlspitze c und steht der Welle so nahe, dass sie durch den ihr entsprechenden Wulst zurückgedrückt wird, falls derselbe bei der Drehung der Welle gerade nach hinten zu stehen kommt. Durch diese Rückwärtsbewegung der Feder wird aber ihre Spitze in den dahinter befindlichen Papierstreifen l eingestochen. Man verstellt nun die Windfahne durch Auslösung des Eingriffes der konischen Räder E und F so lange, bis sie genau nach Norden weist, wenn der äusserste Wulst links gerade nach hinten gerichtet ist, resp. die mit N bezeichnete Feder allein zurückgedrückt wird, also auch ihre Spitze allein auf dem Papier eine Marke macht. Es ist dann unmittelbar klar, dass so oft irgend ein anderer der acht Hauptwinde weht, die mit dem betreffenden Buchstaben bezeichnete Feder allein eine Marke macht, wie es oben verlangt wurde. Aber auch noch die Zwischenwinde können erkannt werden, indem die Wulste so breit sind, dass z. B. bei einem zwischen N und NO gelegenen Winde die beiden betreffenden Federn zugleich markiren. Es wird also bei diesem Instrumente die Windrichtung, wie man sieht, continuirlich aufgezeichnet; doch kann man aus dieser Markirung nur auf die mittlere Windrichtung während der Zeit schliessen, innerhalb welcher das Papier nicht von seiner Stelle gerückt ist.

Zur Fortschiebung des Papiers, das sich von der Rolle $m\,n\,o$ abwickelt, dienen ganz dieselben Vorrichtungen wie bei den vorigen Apparaten, nur wird dieselbe, wie aus der Fig. 1 ersichtlich ist, beim Anziehen des Ankers durch den Electromagneten bewerkstelligt. Da die Markirung hier durch die Windfahne selbst mechanisch bewerkstelligt wird, so wäre diese Verschiebung des Papiers das einzige Geschäft des Ankerhebels beim vorliegenden Instrumente, wenn nicht eben desshalb immer wenigstens eine Spitze im Papier stäcke und so die Fortbewegung desselben hemmen würde. Es ist daher auch hier am Ende des Ankerhebels durch das Winkelstück *ee* ein Querarm *dd* an demselben befestigt, der indessen nicht gabelförmig ist, sondern nur eine hinter den äussersten Enden der Federn herübergehende Lamelle besitzt. Diese Lamelle hindert bei der Ruhelage des Ankerhebels die Beweglichkeit und das Zurückweichen der Federn in keiner Weise; wird aber der Ankerhebel durch den Electromagneten oben zurückgezogen, so zieht sein unteres Ende bei seiner Vorwärtsbewegung durch die Lamelle sämmtliche Federn nach vorn und macht so auch die Spitze derjenigen frei, welche durch ihren Wulst nach hinten gebogen ist.

Die in der Zeichnung fortgelassene metallische Grundplatte *J* dieses Instruments ist analog wie diejenige beim Barometer an der eichenen Rückwand eines Glasgehäuses mit Thüre festgeschraubt, durch dessen Deckel die Stange *A* frei hindurchgeht. Dieses Gehäuse ist zusammen mit dem ganz entsprechenden des folgenden Instruments zum Schutz gegen Regen und Schnee in eine Art Holzschrank untergebracht, der auf der südlichen Ecke der schon oben erwähnten Terrasse des Anbaus an die Sternwarte aufgestellt ist und dessen Dach denn auch die den oberen Theil der Fahnenstange umschliessende Röhre trägt.

5. Der Windstärkemesser.

Unserm Anemometer ist das von Dr. Robinson[1]) angegebene Princip zu Grunde gelegt, wonach ein Flügelrad mit einer der Windgeschwindigkeit proportionalen Geschwindigkeit stets im gleichen Sinne gedreht wird, der Wind mag kommen, woher er will. Man stellte sich dabei die Aufgabe, die Zu- und Abnahme der Windgeschwindigkeit in ähnlicher Weise wie die Zu- und Abnahme der Temperatur und des Barometerstandes durch eine Curve darzustellen, deren Abscissen den Zeiten und deren Ordinaten den Windgeschwindigkeiten d. h. den in gleichen Zeitintervallen z. B. je in 10 Minuten vom Winde zurückgelegten Wegen entsprechen. Unter Anwendung der Robinson'schen Vorrichtung hatte man also zu dem Ende nur die Zahl der Umdrehungen des Flügelrades in solchen aufeinanderfolgenden gleichen Zeitintervallen zu registriren. Nach diesen Ideen ist das in Fig. 1 (Seitenansicht) und Fig. 2 (Grundriss) der Tafel XXV seinen Haupttheilen nach dargestellte Instrument construirt worden.

---

1) Proceeding of the Royal Irish Academy, Vol. IV. p. 566.

Am oberen Ende einer vertikalen Stange A ist ein horizontales Kreuz mit etwa 8 Centimeter langen Armen angebracht, welche aussen halbkugelförmige Schalen von etwa 8^{cm} Durchmesser tragen. Die Oeffnungen der letzteren stehen vertikal und sind alle nach derselben Seite gerichtet, wie dies aus der perspectivischen Zeichnung auf Tafel XXVIII deutlich zu ersehen ist. Da der Wind auf die concave Seite einer solchen Schale stets einen grösseren Druck ausübt als auf die convexe, so wird mit dem Unterschied dieser Drucke die ganze Vorrichtung um die vertikale Axe gedreht und zwar, wie leicht ersichtlich, stets nach derselben Seite, woher auch der Wind weht. Damit nun dieser Drehung möglichst geringe Reibungshindernisse entgegengesetzt werden, besitzt die Axe A eine ganz entsprechende Aufstellung wie die Windfahnenstange, nämlich oben ein konisches Lager in der umgebenden Röhre und unten eine auf der Schraube B aufruhende Spitze. Letztere wird entsprechend durch einen Bügel D getragen und mit der Klemmmutter C festgestellt. Durch eine Schraube ohne Ende E, die in ein gezahntes Rad F eingreift, wird die Drehung des Flügelrades um die vertikale Axe A in eine solche um eine horizontale Axe G von geringerer Geschwindigkeit umgesetzt. Die Axe wird aussen durch einen Bügel I gehalten, auf der andern Seite geht sie durch eine Oeffnung in der einen Seitenplatte H' (Tafel XXII) des Registrirapparats hindurch und wird an ihrem innern Ende von der zweiten Seitenplatte H gestützt. (In der Zeichnung sind diese Platten fortgelassen, doch ist ihre Stellung aus der Tafel III zu ersehen.) In ein Getriebe der Axe G greifen die Zähne eines zweiten, ebenfalls von den beiden Platten H und H' getragenen Zahnrades F' ein und endlich in ein Getriebe auf der Axe des letztern ein drittes Zahnrad F''. Die Axe II dieses letzen Rades ruht mit einer Spitze in einer konischen Vertiefung der Platte H, geht auf der rechten Seite durch eine Oeffnung in der Platte H' heraus und wird etwas ausserhalb derselben durch ein Lager auf dem Metallarme 7 gehalten. Am Ende der Axe sitzt ein konisches gezahntes Rad K, das in ein zweites auf der Axe III befestigtes eingreift und somit die Drehung um die erstere in eine solche um die letztere umsetzt. Diese neue Axe, die von den Trägern IV und IV' gestützt wird, ist an ihrem einen Ende mit einer starken, durch die Schraube v festzuklemmenden Feder t versehen, die gegen den Stift u anstösst und die Weiterdrehung nach dieser Seite hemmt; am andern Ende sind zwei Rollen V und VI auf derselben befestigt, von welchen die eine die Darm-

saite 5 mit dem Gewichte VII trägt, während in der Rinne der andern
das eine Ende eines Stahlbandes 6 fixirt ist, dessen anderes Ende in
dem auf dem Stahlcylinder 2 verschiebbaren Schlitten 1 festgeklemmt
ist. Der Schlitten 1 trägt an seinem Fortsatz nach unten eine nach
hinten gerichtete drehbare und verstellbare Stahlspitze c und wird vermittelst der über die Rolle 4 gehenden Darmsaite 3 durch das Gewicht VIII stets nach links gezogen. dd stellt wieder die bei e am
Ankerhebel festgemachte Gabel dar, zwischen deren Zinken der Fortsatz des Schlittens hingleitet. Am rechten Ende derselben ist hier der
nach hinten gehende oben erwähnte Metallarm 7 festgeschraubt. Die
weitern, in der Zeichnung grösstentheils fortgelassenen Theile des
Apparats zur Registrirung des Standes der Zeigerspitze c auf dem
unterliegenden Papierstreifen l sind ganz dieselben wie bei den vorher-
gehenden Instrumenten.

Die Function des Apparates ist folgende. Die Drehung des Windflügels wird zunächst durch die Zahnräder umgesetzt und verlangsamt
und schliesslich durch Aufwinden der Stahlfeder auf der Rolle VI in
eine Verschiebung der Zeigerspitze am Schlitten 1 von links nach
rechts umgesetzt. Wird nun der Strom der galvanischen Batterie geschlossen, so zieht der Ankerhebel die Gabel d zurück und sticht die
Zeigerspitze in das Papier ein, zugleich wird aber auch der an ihr
befestigte Arm 7 zurückgestossen, damit das betreffende Ende der
Axe II nach hinten bewegt und so der Eingriff der konischen Räder K
und K' ausgelöst. Nunmehr wäre das Gewicht VIII hinlänglich kräftig
durch Rückwärtsdrehung der Axe III allein den Schlitten 1 zum
Ausgangspunkte nach links zurückzuführen, wenn nicht die Spitze zur
Zeit noch im Papier stäcke und so die Bewegung hemmte. Statt dessen
wird nun das kleinere Gewicht VII (die verhältnissmässige Grösse
der Gewichte VII und VIII ist in der Figur verkehrt angegeben)
wirksam, dreht die Axe III im gleichen Sinne zurück und spannt
damit das Stahlband los, bis die Feder t an den Stift u anschlägt.
Wenn dann nachher der Strom wieder geöffnet wird und die Gabel
bei ihrer Rückwärtsbewegung die Spitze aus dem Papier herauszieht,
so kann jetzt diese durch das Gewicht VIII ungehindert zum Ausgangspunkt zurückgezogen werden, obschon zugleich der Eingriff der
konischen Räder wiederhergestellt worden ist. Das Stahlband ist
nämlich bereits abgewickelt worden und wird nunmehr durch das
Zurückgehen des Schlittens wieder angespannt. Der Ausgangspunkt

für die Spitze ist demnach diejenige Stellung derselben, welche
sie bei gespanntem Stahlbande einnimmt, wenn die Feder t an der
Axe III auf den Anschlag u stösst. Die Uebersetzung der gezähnten
Räder ist der Art, dass 30 Umdrehungen des Flügelrades eine seitliche
Verschiebung der Spitze um 1^{mm} entspricht. Da nun wie bei den
vorigen Instrumenten nach jeder Registrirung des Zeigerstandes das
Papier auch um etwa einen Millimeter weiter geschoben wird, so können
wir also in der That aus den aufeinanderfolgenden Markirpunkten durch
Ausmessung der ihnen entsprechenden Zeigerverschiebungen nach Millimetern zunächst die Zahl der Umdrehungen des Windflügels in dem
Zeitintervall von je einer Registrirung zur nächst folgenden finden.
Um daraus aber weiterhin den vom Winde in dem betreffenden Zeitintervall zurückgelegten Weg ableiten zu können, muss man noch
wissen, welcher Windgeschwindigkeit eine Umdrehung des Flügelrades
in einer Secunde entspreche. Nach den Beobachtungen und Berech-
nungen von Dr. Robinson selbst sollen sich bei seinem Instrumente
ganz allgemein die Schalenmitten mit $1/_3$ der Geschwindigkeit des
Windes bewegen. Nun ist bei unserm Apparate der Durchmesser des
Kreises, den die Schalenmitten beschreiben, $0^m,25$, somit die zuge-
hörige Kreisperipherie: $0^m,785$ und es entspräche also hiernach eine
Umdrehung des Flügelrades einem in derselben Zeit durch den Wind
zurückgelegten Weg von $2^m,36$. Da aber 30 Umdrehungen des Flügelrades eine Verschiebung der Zeigerspitze um 1^{mm} bewirken, so würde
demzufolge die letztere auch einem vom Winde in derselben Zeit
zurückgelegten Wege von $70^m,8$ entsprechen. Um dieses Resultat
einigermaassen zu controliren, wurden noch bei mässig starkem Winde
die Angaben eines dem physikalischen Kabinet angehörigen Woltmann'-
schen Flügels mit denen unsers Registrirapparates verglichen. Hiebei
ergab sich, dass im Mittel mehrerer Versuchsreihen einer Verschiebung
der Zeigerspitze um 10^{mm} am Registrirapparate 3153 Umdrehungen des
Windflügels beim Woltmann'schen Instrumente entsprachen. Nach den
Versuchen von Combes[1] kann man aber beim letztern die Windgeschwindigkeit angenähert gleich der Hälfte der Geschwindigkeit der
Flügelmitten setzen und da nun die Peripherie des von den Flügelmitten beschriebenen Kreises in unserm Falle $0^m,4712$ betrug, so entspricht hiernach einer Umdrehung des Windflügels beim vorliegenden

---

1) Annales des Mines, 3. série, t. 13, p. 103.

Woltmann'schen Instrumente ein in derselben Zeit vom Winde zurückgelegter Weg von $0^m,2356$. Der obigen Vergleichung zufolge würde
daher eine Verschiebung der Zeigerspitze des Registirapparates um
1^{mm} einen in derselben Zeit vom Winde zurückgelegten Weg von $74^m,3$
anzeigen. Dieses Resultat weicht so wenig von dem obigen ab, dass
das Mittel aus beiden sich wohl wenig von der Wahrheit entfernen
wird; es wurde demnach angenommen, dass bei unserm Registrir-
Apparate eine Verschiebung der Spitze um 1 Millimeter einen in derselben Zeit vom Winde zurückgelegten Weg von 72,51 Meter anzeige.
Zur unmittelbaren bequemen Ablesung der Windgeschwindigkeit aus
den Aufzeichnungen liessen wir wieder eine Scale auf Hornpapier
anfertigen, deren Theilstriche um $1^{mm},38$ von einander abstanden, so
dass einem solchen Theile ein vom Winde zurückgelegter Weg von
1 Hectometer entspricht. Die Windgeschwindigkeit kann somit nach
Hectometern direct abgelesen und nach Decametern noch gut geschätzt
werden. Die Verschiebungsgrenzen des Schlittens sind um eine kleine
Grösse weniger von einander entfernt, als die Breite des Papiers
(100^{mm}) beträgt. Die Maximalverschiebnng des Schlittens entspricht
daher 7 Kilometer Windgeschwindigkeit, welche Grenze bis dahin in
dem Zeitintervall von 10 Minuten von einer Registrirung zur andern
noch nie bei unserm Instrumente überschritten worden ist.

6. Der Regenmesser.

Die Erfahrungen an dem ältern selbstregistrirenden Wind- und
Regenmesser hatten, wie bei den vorigen Instrumenten, zur Aufstellung
ganz bestimmter Anforderungen an ein neu zu construirendes Pluvio-
meter geführt. Es sollte dasselbe analog wie der Windstärkemesser
die Zu- und Abnahme der Niederschlagsmenge durch eine aus Punkten
zusammengesetzte Curve anzeigen, deren Abscissen wieder den Zeiten
und deren Ordinaten den in gleichen Zeitintervallen z. B. je in 10 Minuten gefallenen Regenmengen entsprechen. Zu dem Ende wurde zur
Messung des Regens ein Princip verwendet, das meines Wissens bis
dahin noch nicht bei selbstregistrirenden Apparaten zur Anwendung
gekommen ist; man liess nämlich das Wasser aus dem Auffangegefäss
auf ein oberschlächtiges, mit Zellen versehenes Wasserrädchen aus-
laufen, nachdem man durch Versuche ermittelt hatte, dass hiebei die
Zahl der Umdrehungen desselben innerhalb hinlänglich weiter Grenzen
der zugeflossenen Wassermenge proportional sei.

Der durch Fig. 1 (Seitenansicht) und Fig. 2 (Grundriss) Tafel XXVI in seinen Haupttheilen dargestellte Regenmesser unterscheidet sich nur in zwei Punkten vom vorigen Instrumente. An der Stelle des Zahnrades F, das beim Windstärkemesser in die Schraube ohne Ende der Stange A eingreift, ist hier auf die Axe G ein Wasserrädchen BC mit 16 Zellen aufgesetzt, deren Scheidewände in der Mitte, wie Fig. 2 zeigt, etwas niedriger sind, als am Rande. Den Zellen auf der hinteren Seite wird das Niederschlagswasser durch die gläserne Ausflussspitze A zugeführt und sowie zwei derselben gefüllt sind, setzt sich das Rädchen in der Richtung des Pfeils in Bewegung und macht ungefähr eine halbe Umdrehung, wobei es die Zellen in das, den untern Theil umschliessende Gefäss D entleert. Im Uebrigen werden dann ganz wie beim vorigen Instrumente die Umdrehungen des Rädchens in eine ihrer Zahl proportionale Verschiebung des Schlittens 1 resp. der Zeigerspitze c umgesetzt und nach jeder Registrirung des Standes der letztern auf dem Papierstreifen l wird wie dort der Schlitten zum Ausgangspunkt zurückgeführt. Der zweite Unterschied dieses Instrumentes gegenüber dem vorigen besteht sodann darin, dass auf der Axe G noch ein Zahnrad F' ausser dem Wasserrädchen aufgesetzt ist, in welches ein in der Zeichnung fortgelassener, am Anker eines zweiten Electromagneten befestigter Hacken so lange eingreift, als der erstere von den Polen des Magneten angezogen wird. Da dieser Electromagnet in demselben Schliessungskreis eingeschaltet ist, wie der die Registrirung bewirkende, so dauert also die Hemmung jeder Bewegung des Wasserrädchens durch den Hacken nur so lange oder in Wirklichkeit ganz wenig länger, als das Niederdrücken der Gabel d durch den ersten Electromagnet. Es hat diese Vorrichtung zum Zwecke keine Bewegung des Wasserrädchens unregistrirt vorübergehen zu lassen, was ohne dieselbe leicht geschehen könnte. Wenn nämlich das Wasserrädchen durch Füllung der Zellen im Momente der Registrirung sehr nahe daran ist, in Bewegung zu gerathen, so erfolgt diese ohne den hemmenden Hacken nun wirklich während der Registrirung, indem die dabei stattfindende Erschütterung, sowie die Auslösung der konischen Räder K und K' die Wirkung der Reibungshindernisse auf die Bewegung des Rädchens vermindern. Eine solche Drehung des letztern während der Registrirung. geht aber eben wegen der Auslösung der konischen Räder zu dieser Zeit unregistrirt vorüber.

Das Auffanggefäss für diesen Regenmesser ist von Zink und hat einen kreisförmigen Querschnitt und zwar ist der oberste Theil desselben so weit, dass die Auffangsfläche 2665,84 Quadratcentimeter beträgt. Etwas unterhalb des Randes verengert sich dasselbe konisch und geht dann weiter unten in ein etwas engeres Kupfergefäss mit konischem Boden über. Von einer Ansatzröhre in der Mitte des letztern führt ein Bleirohr das Wasser zur Ausflussspitze A des Registrirapparats.

Der beschriebene Registrirapparat ist wieder an der eichenen Rückwand eines Glasgehäuses mit Thüre befestigt und das letztere in einem Glasschrank des Anbaus an die Sternwarte aufgestellt. Das Auffanggefäss aber wurde in den Boden der Terrasse dieses Anbaus so eingelassen, dass sein oberer Rand die letztere um 1,2^m überragt und sein Boden in das Niveau der Zimmerdecke fällt. Im Winter wird daher durch die Wärme des geheizten Zimmers der aufgefangene Schnee gleich vorweg geschmolzen, so dass es nur bei starkem Schneefall nothwendig wird, zu dem Ende eine unter dem Boden befindliche Gaslampe anzuzünden.

Der Werth der Verschiebungen der Zeigerspitze in Millimetern gefallenen Regens wurde in der Art empirisch bestimmt, dass man der Reihe nach 100, 200 etc. bis 1000 Cubikcentimeter Wasser oben in das Auffanggefäss schüttete und jedesmal nach Abfluss des Wassers die Zeigerspitze am Apparat ihren Stand markiren liess. Für 500 und 1000 Cubikcentimeter wurden je 4 Versuche angestellt und dabei das Wasser das eine Mal langsamer, das andere Mal schneller eingeschüttet. Diese Messungen bestätigen das schon aus den Vorversuchen abgeleitete, sehr günstige Resultat, dass innerhalb der vorstehenden Grenzen, die in Wirklichkeit wenigstens nach oben hin kaum überschritten werden, die Verschiebung der Zeigerspitze auch bei verschiedener Zuflussgeschwindigkeit der Menge des eingeschütteten Wassers proportional zu setzen sei und zwar so, dass im Mittel 100 Cubikcentimetern aufgefangenen Wassers eine Verschiebung der Zeigerspitze um 7,53^{mm} zukomme. Mit Berücksichtigung der oben angegebenen Auffangsfläche berechnet sich hieraus, dass bei unserm selbstregistrirenden Regenmesser einer Verschiebung der Zeigerspitze um je 1 Millimeter eine gefallene Regenmenge von 0,0498 oder in runder Zahl von 0^{mm},05 Höhe entspricht, also eine Verschiebung des Zeigers um die ganze Papierbreite (100^{mm}) 5^{mm} Regenhöhe anzeigen würde. [1] Mit einem

---

1) Diese Regenhöhe von 5^{mm} ist in dem Zeitintervall von 10 Minuten bis dahin ein einziges Mal, nämlich bei einem sehr heftigen Platzregen, überschritten worden.

eingetheilten Hornblatte, wo die Striche um 2^{mm} von einander abstehen, kann man also unmittelbar die Regenhöhe während des Zeitintervalls zwischen zwei Schliessungen des Stromes aus der Markirung des Zeigerstandes auf dem Papierstreifen bis zu $0^{mm},1$ ablesen und noch leicht $0,^{mm}01$ schätzen. Die ganze Summe des gefallenen Regens wird übrigens, wie zu erwarten war, durch diesen Regenmesser etwas zu gering angegeben. Wenn nämlich nur ein ganz schwacher und kurzdauernder Regen stattfindet, der etwa blos eine Zelle des Wasserrädchens zu füllen vermag und dann dieses Wasser bis zum nächsten Regen wieder verdunstet hat, so wird diese Wassermenge gar nicht registrirt worden sein. Um also die wahre Regenmenge während grösserer Zeitintervalle zu erhalten, ist es immerhin nothwendig, neben diesem Apparate noch von Zeit zu Zeit Beobachtungen an einem gewöhnlichen Regenmesser anzustellen.

7. Der Feuchtigkeitsmesser.

Unter den verschiedenen Hygrometern sind meines Wissens bis dahin allein das Haarhygrometer und das August'sche Psychrometer zu selbstregistrirenden Instrumenten eingerichtet worden. Das letztere hat gegenüber dem erstern den allgemein anerkannten Vorzug grösserer Zuverlässigkeit; es hätte auch unter Zuziehung des ältern Registrir-Thermometers nicht schwer gehalten, in Verbindung mit dem neuen, oben beschriebenen ein Registrir-Psychrometer zu construiren oder auch einen besondern Apparat anzufertigen, bei welchem zwei Zeiger nebeneinander, der eine die Temperatur des trockenen, der andere diejenige des feuchten Thermometers respective also die Temperatur-Differenz beider registriren würde. Die Aussicht indessen, aus den 144 Psychrometer-Beobachtungen eines Tages oder auch nur aus den 24 stündlichen Aufzeichnungen je die absolute und relative Feuchtigkeit berechnen zu müssen, hat uns vor der Hand nicht an die Verwirklichung dieser Idee denken lassen. Wir entschlossen uns daher um so eher dazu, einen Versuch mit dem Saussure'schen Haarhygrometer zu machen, als dasselbe neuerdings wieder von Kämtz empfohlen worden ist und wir selbst durch Vergleichung der Angaben eines vorzüglichen Instrumentes der Art, das aus der mechanischen Werkstätte von E. Schwerd in Genf hervorgegangen ist, mit einem Psychrometer gefunden hatten, dass dasselbe eine sehr befriedigende Genauigkeit und grosse Bequemlichkeit darbieten könne. Dieses Haarhygrometer von Schwerd

hat nämlich zwei Scalen, eine solche nach Saussure mit 100 gleichen
Theilen vom Punkt vollständiger Trockenheit bis zum Punkt vollkommener Sättigung und eine zweite mit ungleichen Intervallen, die
unmittelbar die relative Feuchtigkeit angeben soll. Die während län-
gerer Zeit auf der Sternwarte beobachteten Angaben dieses Instruments
und die aus den gleichzeitigen Ablesungen am Psychrometer berechneten relativen Feuchtigkeiten zeigten in der That blos eine mittlere
Abweichung von $\pm$ $2^1/_2$ Procent, welches Resultat um so befriedigender
erscheint, als ein Theil der Differenzen wohl auch fehlerhaften oder
verspäteten Angaben des Psychrometers zuzuschreiben ist. Wenn es
also so möglich ist, ein Instrument zu construiren, das vermittelst einer,
ein für alle Male anzufertigenden besondern Scale die relative Feuchtigkeit unmittelbar ablesen lässt, so bleibt dann blos noch die sehr
einfache Berechnung der absoluten Feuchtigkeit aus der vorigen und
der Lufttemperatur übrig, welche durch eine Tafel mit doppeltem Ein-
gang auf ein Minimum von jedesmaliger Arbeit reducirt werden kann.

Unser selbstregistrirendes Haarhygrometer ist in Fig. 1 (Grundriss)
und Fig. 2 (Seitenansicht) der Tafel XXVII dargestellt. Es besteht
aus einer Messingplatte A, die vermittelst der Schrauben u u' auf einer
in der Zeichnung fortgelassenen Querschiene aufgeschraubt ist und so
von den Seitenplatten H und H' des Registrirapparates getragen wird.
Diese Platte läuft oben in eine schmälere Zunge aus und trägt an ihrem
oberen Ende den drehbaren und durch eine Mutter festzustellenden
Zapfen B, an welchem das eine Ende des entfetteten Frauenhaars C
befestigt ist. Das andere Ende des letzteren ist um die eine Rinne
der Rolle D gewunden und in derselben festgemacht; in der andern
Rinne liegt ein zweites, das Gewichtchen G tragendes Haar, wodurch
das erstere gespannt wird. Die Rolle D dreht sich nicht um Zapfen,
sondern um die scharfe Kante einer Stahlschneide E, die auf Stahl-
lagern des an der Platte A angeschraubten Bügels F ruht. Endlich
ist an der Rolle der Zeiger K befestigt, der an seinem untern Ende
wieder eine nach hinten gehende Stahlspitze c besitzt und die Markirung
des Standes der letztern auf dem Papierstreifen l erfolgt in ganz
gleicher Weise wie beim Barometer, wesshalb auch die hiezu dienenden
Theile des Apparates bis auf die Gabel d in der Zeichnung ganz weg-
gelassen sind.

Dieser Apparat ist an der Rückwand eines Holzkastens mit Thüre
auf einem Schlitten befestigt und kann so nach Belieben ganz in den

Kasten heruntergelassen oder auch so weit gehoben werden, dass der oberste Theil mit dem Haare bis zur Axe der Rolle durch eine Oeffnung im Deckel des Kastens hindurch in ein über die letztere gesetztes Blechgehäuse hineinragt. Die letztere Stellung ist diejenige für die Beobachtungen und damit dabei die äussere Luft frei um das Haar circuliren könne, ohne dass Gefahr für das Eindringen von Regen und Schnee entsteht, hat der Boden des Holzkastens eine Reihe von Löchern und ebenso besitzt das Blechgehäuse viele Oeffnungen, indem es aus schuppenartig übereinandergreifenden Ringen zusammengesetzt ist.

Die Scale dieses Instruments wird durch Vergleichung mit den gleichzeitigen Angaben des oben erwähnten Saussuré'schen Haarhygrometers empirisch bestimmt und zwar so, dass man damit die relative Feuchtigkeit unmittelbar ablesen kann.

8. Der Bewölkungsmesser.

Die Bewölkung des Himmels liesse sich direct auf photographischem Wege registriren, da wir indessen, wie schon oben bemerkt, von der Anwendung der Photographie bei unsern Registrir-Apparaten von vorne herein abstrahirten, so wurde zu dem Ende folgende indirecte Methode gewählt. Auf demselben Pfahle, auf welchem das zur Bestimmung der Lufttemperatur dienende, beschattete Registrir-Thermometer aufgestellt ist, wurde das zweite ältere Registrir-Thermometer in der Weise angebracht, dass seine Spirale nach Süden gewendet und blos durch ein kleines Glasgehäuse gegen Regen und Schnee nicht aber gegen die Strahlung der Sonne und des kalten Weltraums geschützt ist. Wenn man die Angaben des letztern Thermometers mit denen des erstern vergleicht, so muss man offenbar gewisse Schlüsse auf die Bewölkung des Himmels und zwar nicht blos am Tage sondern auch zur Nachtzeit ziehen können. So oft nämlich am Tage die Sonne durch Wolken nicht behindert auf das freie Thermometer einwirken kann, wird dessen Temperatur sofort bedeutend über die des andern steigen, dagegen wieder in ihre Nähe zurückgeben, sowie die Sonne durch Wolken verdeckt wird. Mit Sonnenuntergang wird das Entgegengesetzte eintreten d. h. wegen unbehinderter (durch die Glasplatte freilich etwas geschwächten) Strahlung gegen den kalten Weltraum wird das freie Thermometer bei klarem Himmel eine niedrigere Temperatur anzeigen als das geschützte und zwar wird die Differenz um so grösser ausfallen je wolkenloser der Himmel ist. Es hat sich dies durch die Erfahrung vollkommen bestätigt. Indem wir nämlich die Aufzeichnungen beider Thermometer vom 29. Sept. bis 18. October 1864 mit den directen Beobachtungen über die Bewölkung während dieser Zeit verglichen, fanden wir folgende Resultate:

Wenn der Himmel den ganzen Tag bewölkt blieb, so stieg die Temperatur des freien Thermometers um die Mittagszeit blos um $1^0,5$ bis $3^0,5$ über diejenige des beschatteten und war während der Nacht der letztern genau gleich. An ganz hellen und windstillen Tagen dagegen erhob sich die Temperatur des freien Thermometers mit Sonnenaufgang sehr rasch über die des beschatteten und war zur Mittagszeit regelmässig um $13-15^0$ höher als die des letztern; mit Sonnenuntergang aber sank sie sofort unter die des beschatteten, so dass die Differenz in der Nacht und am Morgen vor Sonnenaufgang wiederholt 2^0 betrug. Wehte dagegen bei hellem Himmel ein mässig starker Wind (während der ganzen Zeit war die Windrichtung eine nordöstliche), so betrug die Differenz beider Thermometer zur Mittagszeit blos $9-10^0$. An Tagen mit theilweiser und veränderlicher Bewölkung endlich war die Differenz zwischen den beiden Thermometerständen eine mittlere zwischen den angegebenen Grenzen und eine dem Grade der jeweiligen Bewölkung entsprechende. Wiederholt durchbrach z. B. erst Nachmittags um 2 Uhr die Sonne den Nebel, was stets durch eine sofortige Vermehrung der Temperaturdifferenz beider Thermometer um $3-4^0$ angezeigt wurde; ebenso liess sich das Aufsteigen des Nebels vor Mitternacht oder auch erst gegen Morgen dadurch erkennen, dass dann das freie Thermometer, während es vorher tiefer stand als das beschützte, jetzt entweder auf dieselbe Temperatur gelangte oder sogar für einige Zeit (wahrscheinlich in Folge der latenten Verdampfungswärme) eine etwas höhere annahm.

Weiter fortgesetzte Untersuchungen werden zeigen, in welcher Weise empirisch eine Scale zur genauern Bestimmung des Grades der Bewölkung aus den Aufzeichnungen beider Thermometer wird anzufertigen sein.

9. Galvanische Batterie.

Wenn, wie in unserm Falle, der electrische Strom einer galvanischen Batterie die zur Registrirung nothwendige mechanische Kraft darbieten soll, so ist vor Allem auch darauf zu sehen, dass diese galvanische Batterie längere Zeit vollkommen sicher wirke und dass die Erhaltung derselben in brauchbarem Zustande nicht zu viel Mühe und Geschick beanspruche.

Wo es nun zur Hervorbringung irgend welcher Wirkungen nothwendig ist, eine galvanische Batterie längere Zeit geschlossen zu lassen, da können selbstverständlich nur constante galvanische Elemente, und wenn die letztern Wochen lang wirksam bleiben sollen, unter ihnen jedenfalls nur Daniell'sche Elemente gebraucht werden. Dagegen werden auch inconstante volta'sche Combinationen Verwendung finden können, wenn, wie im vorliegenden Fall, die Batterie nach kürzern oder längern Intervallen je nur eine oder zwei Secunden lang geschlossen wird. Die bei den letztern nach der Schliessung jeweilen auftretende, störende Polarisation kann sich nämlich immer wieder in der Zwischenzeit verlieren. Diesem gemäss nahmen wir von der Anwendung der kostspieligen und vielen Störungen unterworfenen Daniell'schen Elemente Umgang und wählten einfache Zink-Kohlen-Elemente mit einer Flüssigkeit. Indem wir dann auch die Grösse, Zusammensetzung und Aufstellung der letztern passend wählten, gelang es uns so, eine galvanische Batterie zu construiren, welche je ein halbes Jahr lang mit voller Sicherheit die Registrirungen bei sämmtlichen oben beschriebenen Instrumenten bewirkt und während dieser ganzen Zeit vollständig sich selbst überlassen werden kann. Diese Batterie besteht aus 12 grossen Zink-Kohlen-Elementen, welche mit einer Flüssigkeit, nämlich einer nahe concentrirten Lösung von gleichen Theilen Kochsalz und Alaun, in Wasser gefüllt und in einem verschliessbaren Schranke aufgestellt sind. Die Kohlen-Cylinder dieser Elemente haben eine Höhe von 40 Centimeter und einen innern Durchmesser von 10 Centimeter, und die im Innern angebrachten Zinkplatten sind an einer über den Rand des Kohlen-Cylinders gelegten, getheerten Holzplatte befestigt; zur Fortleitung des Stroms ist an die Zinkplatte ein Kupferdraht angeklemmt und um die Peripherie der Kohlen-Cylinder oben ein Kupferring mit Draht gelegt. Die Aufstellung in einem geschlossenen Schrank, der seinerseits im gewölbten Keller des Anbaues an die Sternwarte placirt ist, hat, da der Raum bald mit Wasserdampf gesättigt ist, einmal eine sehr geringe Verdunstung des Wassers und sodann auch die Vermeidung der störenden Efflorescenz des Salzes zur Folge.

Ist die Batterie ein halbes Jahr lang in Function gewesen, so werden 12 Reserve-Elemente im gleichen Schranke in Stand gesetzt, die Poldrähte mit dieser Batterie verbunden, sodann die gebrauchte auseinander genommen und gereinigt. Zu dem Ende legt man die Kohlen-Cylinder 8—14 Tage in fliessendes Wasser, befreit die Kupferringe von Oxyd, schabt die Zinkplatten ab und amalgamirt dieselben wieder. Nach Füllung der Gläser mit frischer Salzlösung können dann diese Elemente ohne Weiteres wieder gebraucht werden.

Dieselben 24 Elemente haben nun nahezu drei Jahre in dieser Art abwechselungsweise gedient und können jedenfalls noch ebenso lange gebraucht werden, ehe die Zinkplatten durch neue ersetzt werden müssen. Der Verbrauch ist also ein sehr geringer. Während dieser 3 Jahre ist meines Wissens von der Batterie her auch nur ein einziges Mal eine kurze Störung in der Registrirung erfolgt, als nämlich ihre Wirkung durch gleichzeitigen starken Gebrauch für einen andern Zweck — Registrirung der Sterndurchgänge beim Meridiankreis der Sternwarte — allzusehr abgenommen hatte.

10. Die Registrir-Uhr.

Die Schliessung der galvanischen Batterie je auf kurze Zeit nach gleichen Zeitintervallen wird durch eine Feder-Uhr mit Secunden-Pendel von Leuenberger in Sumiswald bewerkstelligt. Zu dem Ende ist derselben ein ebenfalls durch eine Feder getriebenes Laufwerk beigefügt, das durch die Uhr alle 10 Minuten ausgelöst wird und dann ein besonderes Rad einmal umdreht. Bei dieser Umdrehung schleift ein Platinstift an der Peripherie dieses Rades der Reihe nach über drei, mit aufgelötheten Platinblechen versehene, von einander isolirte Federn hin und schliesst so in ganz kurzen Intervallen drei gesonderte Leitungen, die mit den Polen der galvanischen Batterie in Verbindung stehen. Der eine Pol der Batterie ist nämlich durch einen mit Guttapercha überzogenen Kupferdraht mit der Axe des obigen Rades verbunden, während drei entsprechende, gesonderte und mit den drei Contactfedern verbundene Drähte schliesslich wieder im andern Pol der Batterie zusammenlaufen. In diese drei gesonderten Leitungen sind die obigen 7 Instrumente mit ihren Electromagneten eingeschaltet und zwar in die eine das Barometer und die zwei Thermometer, in die andere die beiden Windmessungsinstrumente und in die dritte der Regenmesser und das Hygrometer. In Folge dieser Combination wurde es möglich, durch eine Batterie von bloss 12 statt 36 Elementen die Registrirungen bei sämmtlichen Instrumenten ausführen zu lassen,

Uhr- und Laufwerk sind alle 8 Tage aufzuziehen. Was den regelmässigen Gang der Uhr betrifft, so lässt er ziemlich zu wünschen übrig, würde aber wohl ganz befriedigend werden, wenn man statt der Feder ein Gewicht als treibende Kraft benutzen würde. Wenigstens ist der Gang einer andern ähnlichen Uhr, die sogar alle Minuten in ganz entsprechender Weise ein Laufwerk auslöst, aber durch Gewichte getrieben wird, sehr befriedigend.

11. Universal-Registrir-Apparat.

Der Universal-Registrir-Apparat repräsentirt eine Vereinigung der fünf zuerst beschriebenen Instrumente. Er ist nach Photographieen auf Taf. XXVIII in der Vorderansicht, auf Taf. XXIX in der Seitenansicht dargestellt.

Sämmtliche fünf Instrumente verzeichnen hier ihren Stand nebeneinander auf demselben 120^m langen und 0,6^m breiten Papierstreifen, der sich von einer Rolle abwickelt. Die Axen dieser Rolle werden von zwei starken und durchbrochenen Seitenplatten von Messing getragen, die auf einem eisernen Rahmen aufgeschraubt sind; der letztere entspricht der Grundplatte J bei den einzelnen Apparaten, während die beiden erstern den Platten H und H' entsprechen.

Vor dem Papiere befinden sich zunächst rechts die beiden auf ein und demselben Stahl-Cylinder verschiebbaren Zeigerschlitten des Regenmessers und des Windstärkemessers, welche, wie aus der Seitenansicht deutlicher zu erkennen ist, durch das Wasserrädchen und durch die Stange des Windflügels vermittelst ganz gleicher Uebersetzungen bewegt werden, wie bei den einzelnen Instrumenten dieser Art. Aus der Seitenansicht ist auch zu ersehen, wie dem Wasserrädchen das Wasser aus dem das Auffanggefäss repräsentirenden Cylinder auf dem Gehäuse zugeleitet und aus dem unter dem Rädchen befindlichen Gefäss wieder nach aussen fortgeführt wird.

In der Mitte bewegt sich vor dem Papier der Zeiger des Barometers. Es sitzt derselbe an der nach vorn verlängerten Axe des Wagebalkens, während dieser selbst hinter dem Eisen-Rahmen sich befindet, so dass auch die Barometer-Röhre hinter diesem Rahmen heruntergeht und in das untere sichtbare cylindrische Gefäss mit Quecksilber eintaucht. Das hintere Lager der Axe ist an einem hintern Fortsatz des Eisen-Rahmens, das vordere an einer Messingplatte befestigt, die von auf dem Eisen-Rahmen aufgeschraubten Säulen getragen wird. Im Uebrigen unterscheidet sich auch dieses Barometer in Nichts von dem oben beschriebenen.

Es folgt nun nach links hin der Zeiger des Thermometers bestehend aus einer drehbaren Messinglamelle mit Gegengewicht oberhalb der Axe, so dass diese sehr nahe durch den Schwerpunkt geht. Die Axe wird in ganz gleicher Weise wie diejenige des Barometer-Wagbalkens getragen und besitzt an ihrem hintern Ende einen Fortsatz nach oben, der dann horizontal umgebogen und vermittelst einer Gabel in einen Stift am äussern Ende der thermometrischen Spirale eingelenkt ist. So wird die Bewegung des Spiralendes in einer horizontalen Ebene übergetragen in eine etwas vergrösserte Bewegung des Zeigerendes in einer Verticalebene. Die Spirale selbst befindet sich hinten ausserhalb des Gehäuses, ihr winkelförmiger Träger aber ist unmittelbar an dem mehrfach erwähnten Eisen-Rahmen befestigt.

Die äusserste Stellung links nimmt endlich der Windrichtungsmesser ein, dessen Construction nur in einem Punkte von derjenigen des oben beschriebenen Instrumentes abweicht. Die Markirstiften sind hier nämlich nicht unmittelbar an den 8 Stahlfedern befestigt, welche durch die Wulste nach hinten gedrückt werden, sondern an den untern Armen von kleinen Hebeln, deren Axen von den Stahlfedern getragen werden und die durch schwächere Messingfedern an ihrem obern Ende stets hinten an die Stahlfedern angedrückt werden. Bei der Registrirung schlägt nun die gabelförmige Querschiene, in deren Schlitz die Zeiger der übrigen Instrumente laufen, auf Knöpfe an den obern Armen dieser Hebel, überwindet die Kraft der schwächern Messingfedern und hebt so durch Zurückdrücken dieser obern Arme die Spitzen an den untern aus dem Papier, in welchem beständig mindestens eine derselben steckt, heraus. Die Spitzen selbst bilden die eine Seite von Parallelogrammen, so dass sie stets senkrecht zur Papierfläche bleiben.

Die Registrirung und Fortschiebung des Papiers nach jeder Markirung wird ebenfalls durch ganz entsprechende Theile wie bei den einzelnen Apparaten bewerkstelligt. Beiderseits aussen an den Seitenplatten sind nämlich kräftige Electromagnete angebracht, deren Ankerhebel auf einer gemeinschaftlichen Stahlaxe befestigt sind und durch starke Messingfedern nach vorn heruntergezogen und so von den Polen entfernt werden. An nach oben gerichteten Fortsätzen dieser Ankerhebel sind dann die Enden der schon erwähnten gabelförmigen, quer herübergehenden Metallschiene, sowie die Haken befestigt, welche durch Eingreifen in Zahnräder an den beiden Enden der hintern Walze die Fortschiebung des Papiers bewerkstelligen. Das letztere wird auch hier wieder dadurch gespannt, dass es unterhalb der Markirstiften zwischen den beiden Walzen durchgeht, von welchen die vordere, in der Zeichnung allein sichtbare durch Federn gegen die hintere angedrückt wird, und oberhalb gerade hinter der Schiene eine Lamelle durch Federn beiderseits gegen das Papier resp. eine feste Unterlage hinter demselben angepresst wird. Zur bequemern Abnahme der Aufzeichnungen werden endlich bei diesem Apparate noch besondere Stundenpuncte notirt. Auf jeder Seite der untern, das Papier fortbewegenden Walze ist nämlich ausser den schon erwähnten Zahnrädern noch ein Stahlrad festgemacht, das an seiner Peripherie auf je sechs Zähne der letztern einen Einschnitt besitzt. Durch eine an der Schiene befestigte Feder wird nun beständig ein Hebel mit vorstehendem Zahn gegen die Peripherie dieses Stahlrades angepresst. So oft also ein Einschnitt unter den Zahn kömmt, so wird der Hebel durch die Feder nach hinten gedrückt und damit eine Spitze an seinem obern Ende, welche sich in gleicher Linie mit den Markirstiften befindet, in das Papier eingestochen. Diese Spitze ist ebenfalls, wie diejenigen an den Zeigern, in einem drehbaren Stück befestigt, so dass die Fortbewegung des Papiers dadurch nicht gehemmt wird. Da die Spitze mit dem Papier nicht zur Berührung kommen kann, so lange ein massiver Theil des Rades dem Zahn gegenübersteht, so wird also je sechs Markirungen durch die Zeigerspitzen eine durch diese letztern Spitzen entsprechen und da alle 10 Minuten eine gewöhnliche Markirung erfolgt, so werden eben die letztern Puncte je dem Intervall einer Stunde entsprechen. Zieht man also durch die entsprechenden Stundenpuncte auf beiden Seiten gerade Linien über das Papier hin, so werden auf dieser auch die den vollen Stunden zukommenden Markirungen der einzelnen Zeiger liegen und so herausgehoben werden. Nur beim Thermometer und Barometer werden die betreffenden Puncte hie und da oberhalb diese Linie fallen, da die betreffenden Zeiger keine Geraden, sondern Stücke von Kreisbogen beschreiben. Der Radius dieser Kreisbogen ist indessen so gross, dass nur bei sehr extremen Ständen Correctionen nach besonders markirten Punkten bei diesen Instrumenten nothwendig werden dürften. Um endlich auch noch in anderer Hinsicht den Gebrauch dieses Apparates bequemer zu machen,

sollen die ein für alle Male ermittelten Scalen der einzelnen Instrumente
auf dem Papier aufgetragen werden, so dass man unmittelbar den
Stand derselben aus den Aufzeichnungen nach Graden, Millimetern etc.
ablesen kann.

Der ganze Apparat ist zunächst, wie die Abbildung zeigt, zum
Schutz gegen Staub u. dgl. in ein Holzgehäuse mit Glasthüren ein-
geschlossen, aus welchem nur die Stangen der Windmessungsinstrumente
oben, die Zu- und Abflussröhren für das Wasser des Regenmessers
sowie das Thermometer hinten heraustreten. Da der Apparat selbstverständlich im Freien etwa auf einer Terrasse, oder dem Dach eines
Hauses, oder in einem Garten aufzustellen ist, so muss er zum Schutz
gegen atmosphärische Einflüsse noch mit einem der jeweiligen Loca-
lität anzupassenden äussern Kasten umgeben werden — etwa wie
unser oben beschriebenes Windmessungsinstrument —, der gegenüber
der Thermometerspirale mit jalousieförmigen Oeffnungen versehen
wäre und oben das Auffanggefäss für den Regenmesser, sowie die
Ständer für die Windfahne und den Windflügel tragen würde. Die
letztern sind nach der Zeichnung provisorisch auf dem innern Kasten
befestigt worden.

Es steht zu erwarten, dass dieser Apparat, da er nur eine Vereinigung der fünf bereits geprüften Instrumente darstellt, ebenso sicher
wie diese functioniren wird. Die Bestimmung der Scalen der einzelnen Instrumente ist selbstverständlich in gleicher Weise, wie oben
angegeben worden ist, auszuführen; auch sind Uhr und galvanische
Batterie zum Betrieb von den beschriebenen durch nichts unterschieden.

II. Verarbeitung der Registrirungen.

Die Aufzeichnungen der fünf zuerst beschriebenen Instrumente
werden seit 1864 regelmässig in folgender Weise verarbeitet.

Zunächst wird zur Controlle fast täglich einmal bei allen Instrumenten zu einem der Registrirpunkte die betreffende Uhrzeit mit Bleistift hinzugeschrieben.

Am ersten jedes Monats werden dann die Papierstreifen mit den
Registrirungen des verflossenen Monats abgeschnitten, auf denselben
die einzelnen Punkte von den Zeitmarken aus nachgezählt, die den
ganzen Stunden entsprechenden Punkte durch Striche herausgehoben

und auch noch von 2 zu 2 oder 4 zu 4 Stunden die Stundenzahl sowie den Registrirungen eines Tages das Datum beigesetzt.

Beim Thermometer und Barometer bestimmt man darauf die
wahren Tagesmittel in der Art, dass man parallel zur Längsfurche in
der Mitte der Papierstreifen eine dem Nullpunkt der Temperatur resp.
dem Barometerstand von 700^{mm} entsprechende Gerade zieht, dann von
den Mitternachtspunkten Senkrechte auf letztere fällt und für jeden
Tag vermittelst eines Amsler'schen Planimeters den Inhalt der von
zwei benachbarten Senkrechten, der Geraden unten und der Tempe-
raturcurve resp. Barometercurve oben abgegrenzten Figur nach Quadrat-
Millimetern misst. Dieser Inhalt, durch die nach Millimetern abge-
messene Länge der Basis der Figur dividirt, gibt die Höhe eines
Rechtecks von gleicher Basis und gleichem Inhalt in Millimetern,
somit auch die Mitteltemperatur resp. den mittlern Barometerstand
des betreffenden Tages, wenn wir diese Höhe mit dem oben ermittelten, einem Millimeter Länge entsprechenden Gradwerth oder Werth
des Barometerstands multipliciren. Ausserdem entnimmt man auch
bei denselben Instrumenten den Aufzeichnungen die den Beobachtungsterminen auf den gewöhnlichen Stationen, nämlich 7 Uhr Vm., 1 und
9 Uhr Nm., entsprechenden Temperaturen und Barometerstände durch
Auflegen der Hornscalen auf das Papier, sowie endlich die Maxima-
und Minima-Stände jedes Tages und ihre Differenz. — Die Resultate
dieser Bearbeitung sowie die arithmetischen Mittel der drei täglichen
Terminsbeobachtungen und ihre Differenz gegen das betreffende wahre
Tagesmittel werden in ein besonderes Buch eingetragen. — Um auch
die tägliche Periode der Temperatur zu gleicher Zeit durch diese Bearbeitung zu erhalten, hat man in neuester Zeit die planimetrische
Messung zur Bestimmung der wahren Tagesmittel aufgegeben und
diese schlechtweg aus den Aufzeichnungen aller vollen Tagesstunden
durch Ziehung des Mittels derselben entnommen. Diese den einzelnen
vollen Tagesstunden zukommenden Temperaturen und Barometerstände
werden nun ebenfalls in dasselbe Buch eingetragen. — Ein Auszug
aus diesem Buche, nämlich die wahren Tagesmittel, ihre Differenz
gegen das arithmetische Mittel der drei Termine, sowie die Maxima-
und Minima-Werthe, erscheint seit Beginn des meteorologischen Jahres
1864 regelmässig in den gedruckten Publicationen der schweizerisch
meteorologischen Beobachtungen.

Aus den Aufzeichnungen des Windrichtungsmessers werden die

mittleren stündlichen Windrichtungen nach der achttheiligen Windrose
abgeleitet und diese mit den Summen des vom Winde zurückgelegten
Weges und des Niederschlags in der betreffenden Stunde zufolge den
Angaben des Windstärkemessers und des Regenmessers combinirt. In
ein Buch nämlich, das auf zwei gegenüberstehenden Seiten je acht,
den Hauptwindrichtungen entsprechende Columnen enthält, werden für
jede Stunde des Tages in aufeinanderfolgenden Horizontalreihen auf
der ersten Seite die Summen der vom Winde während derselben zurückgelegten Wege nach Kilometern und Hundertstel derselben und
auf der zweiten die Summen der Regenhöhen in dieser Stunde nach
Millimetern und Hundertstel Millimeter je in diejenigen Columnen eingetragen, welche zufolge den Angaben des Windrichtungsmessers dem
mittlern oder vorherrschenden Winde während dieser Stunde entsprechen. Die Ziehung dieser Summen wird durch Benutzung eines
Thomas'schen Arithmometers sehr erleichtert. Auch aus diesem
Buche wird ein Auszug in den oben erwähnten Publicationen seit Juni
1864 regelmässig veröffentlicht, nämlich die täglichen Summen der
Zahlen der erwähnten acht Columnen mit Beisetzung der stündlichen
Dauer der Winde resp. der Niederschläge.

Auf Grund dieser Bearbeitungen der Aufzeichnungen unserer
Registririnstrumente wird es später ein Leichtes sein, die periodischen
und nichtperiodischen Witterungsverhältnisse Berns ihren Mittelwerthen
nach mit Sicherheit festzustellen. Wegen der etwas mühsamen Ab-
zählung der Markirpunkte auf den einzelnen Streifen nehmen die erwähnten Bearbeitungen der Registrirungen sämmtlicher Instrumente
durchschnittlich je den halben Arbeitstag eines besonders Angestellten
in Anspruch. Indem ich Herrn Hasler veranlasste, die einzelnen
Instrumente zu einem Universal-Apparat zu vereinigen, bezweckte ich
zunächst, diese Bearbeitung der Aufzeichnungen bedeutend zu vereinfachen. In der That werden wohl die Markirung der Stundenpunkte
am Rande, die unmittelbar durch eine Liniatur auf das Papier aufzu-
tragenden Scalen der Instrumente, sowie endlich die Registrirung der
letztern auf demselben Papierstreifen nebeneinander bei diesem Apparate die auf die Bearbeitung zu verwendende Zeit nahezu auf die
Hälfte herunterbringen. Der Universal-Apparat bietet aber auch noch
den weitern Vortheil dar, dass man zu jeder Zeit und viel bequemer
die Angaben der verschiedenen Instrumente miteinander vergleichen
und so den Verlauf exceptioneller und kurz vorübergehender meteoro-

logischer Erscheinungen, wie Gewitter, Stürme etc., genauer verfolgen kann. Es erhellt dies deutlich aus der Registrirung eines Gewittersturms vom 7. Juni 1864 durch unsere fünf Instrumente, wovon die Taf. XXX ein getreues Fac-Simile darstellt. In dieser Zeichnung sind bloss die gesonderten Registrirungen der verschiedenen Apparate analog, wie dies beim Universal-Apparat der Fall sein würde, auf einem Blatte vereinigt und an die Stelle der feinen Löcher in den Originalien schwarze Punkte gesetzt worden. Auch hat man, wie dies ebenfalls beim Universal-Apparat geschehen würde, Stundenlinien gezogen und die Scalen wenigstens theilweise aufgetragen.

Wie üblich theilen wir schliesslich noch die Preise mit, für welche die oben beschriebenen Instrumente von der eidgenössischen Telegraphen-Werkstätte der Herren Hasler & Escher in Bern angefertigt werden.

Preis-Verzeichniss
der selbstregistrirenden Instrumente.

1. Thermometer mit einfachem Gehäuse . . . . 260 francs.
2. Barometer . . . . 380 „
3. Windrichtungsmesser ⎰ mit innern und gemeinschaft- ⎱
4. Windstärkemesser ⎱ lichem äusserm Gehäuse ⎰ 920 „
5. Regenmesser mit einfachem Gehäuse . . . . 540 „
6. Hygrometer mit innerm und äusserm Gehäuse . . . 330 „
7. Universal-Registrir-Instrument mit innerm und äusserm Gehäuse . . . . 2100 „
8. Registrir-Uhr mit Gehwerk und Contactwerk, 8 Tage gehend . . . . 225 „
9. Galvanische Batterie von 12 grossen Zink-Kohlen-Elementen . . . . 144 „

Druck von C. R. Schurich.

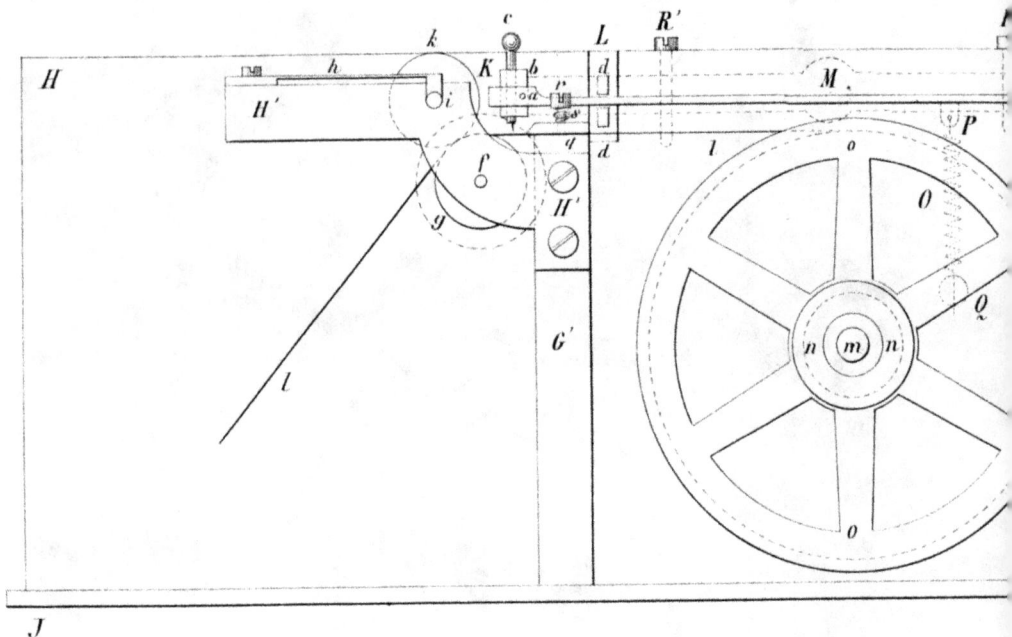

$\frac{1}{2}$ nat. Grösse

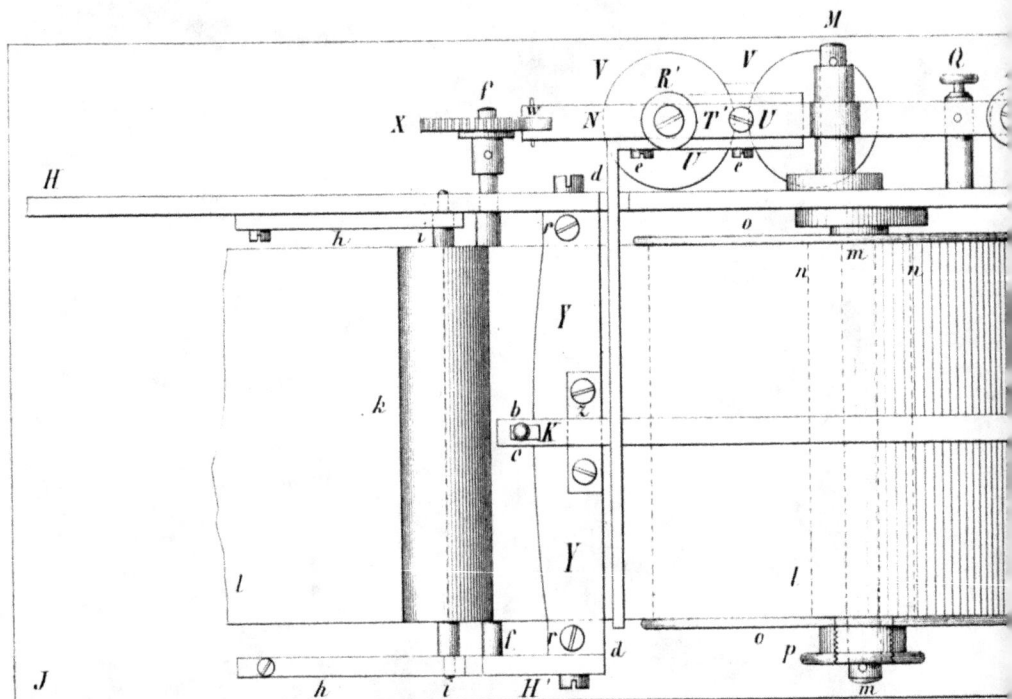

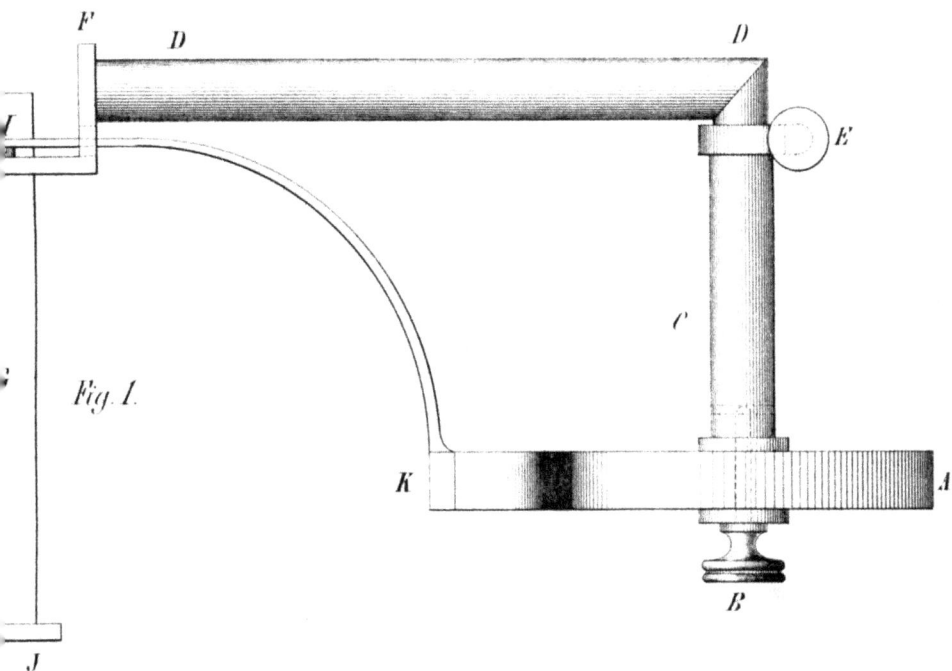

Fig. 1.

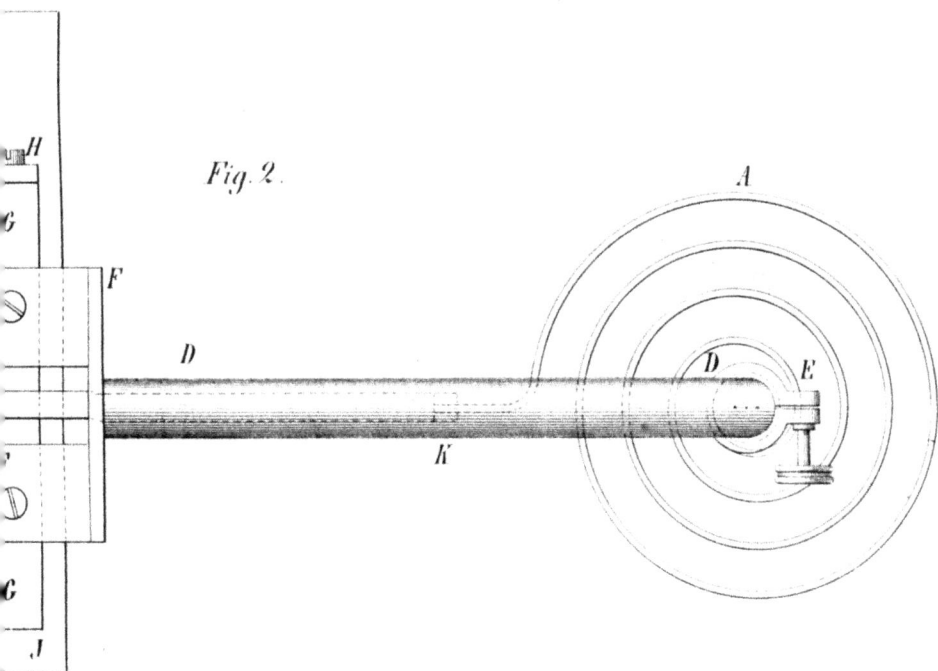

Fig. 2.

½ nat Gr

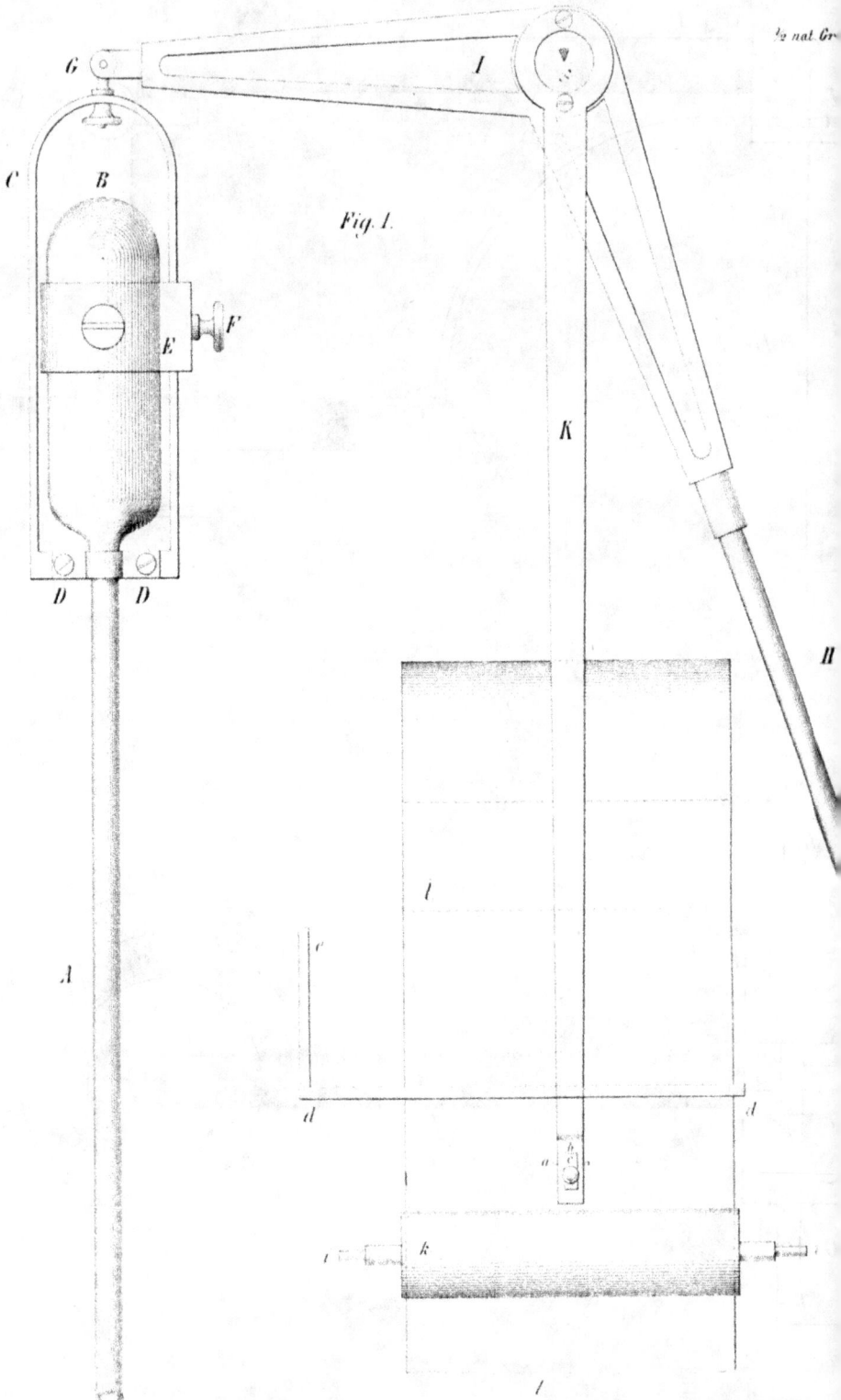

Fig. 1.

Fig. 2.

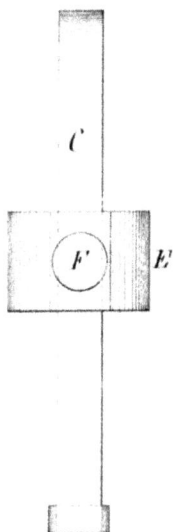

Fig. 3.

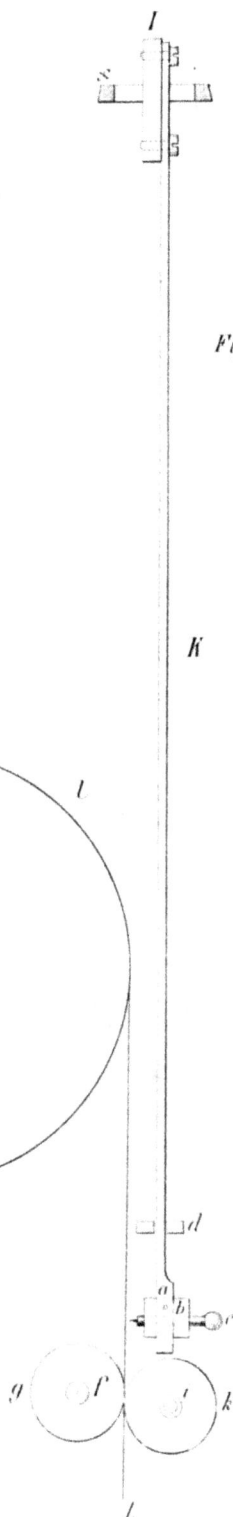

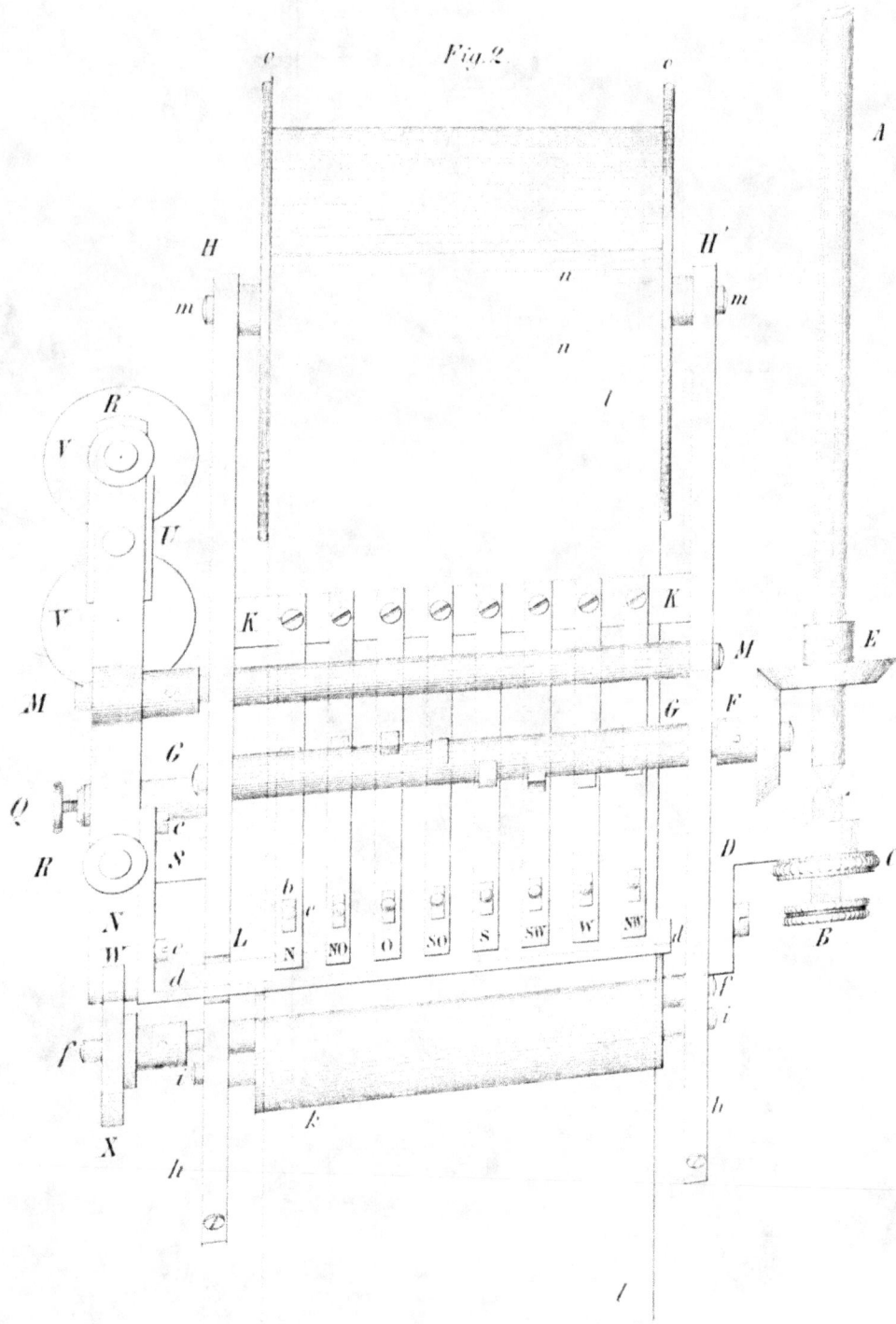

Fig. 2

Fig 1

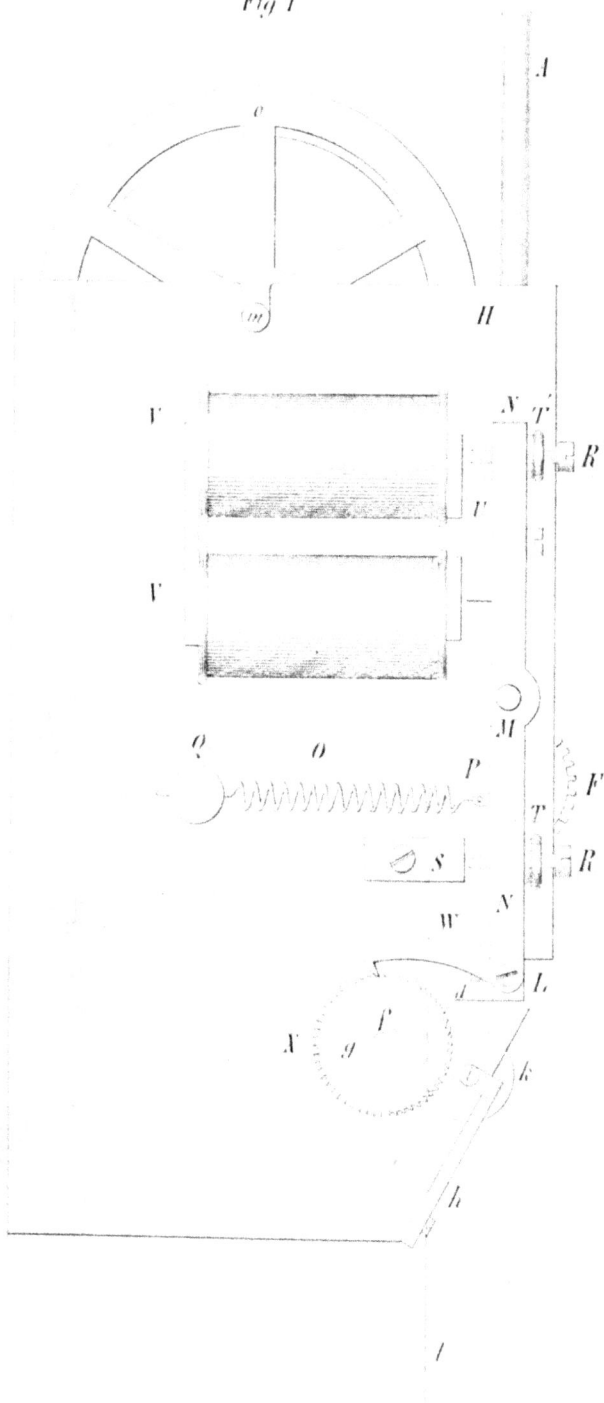

Fig. 2.

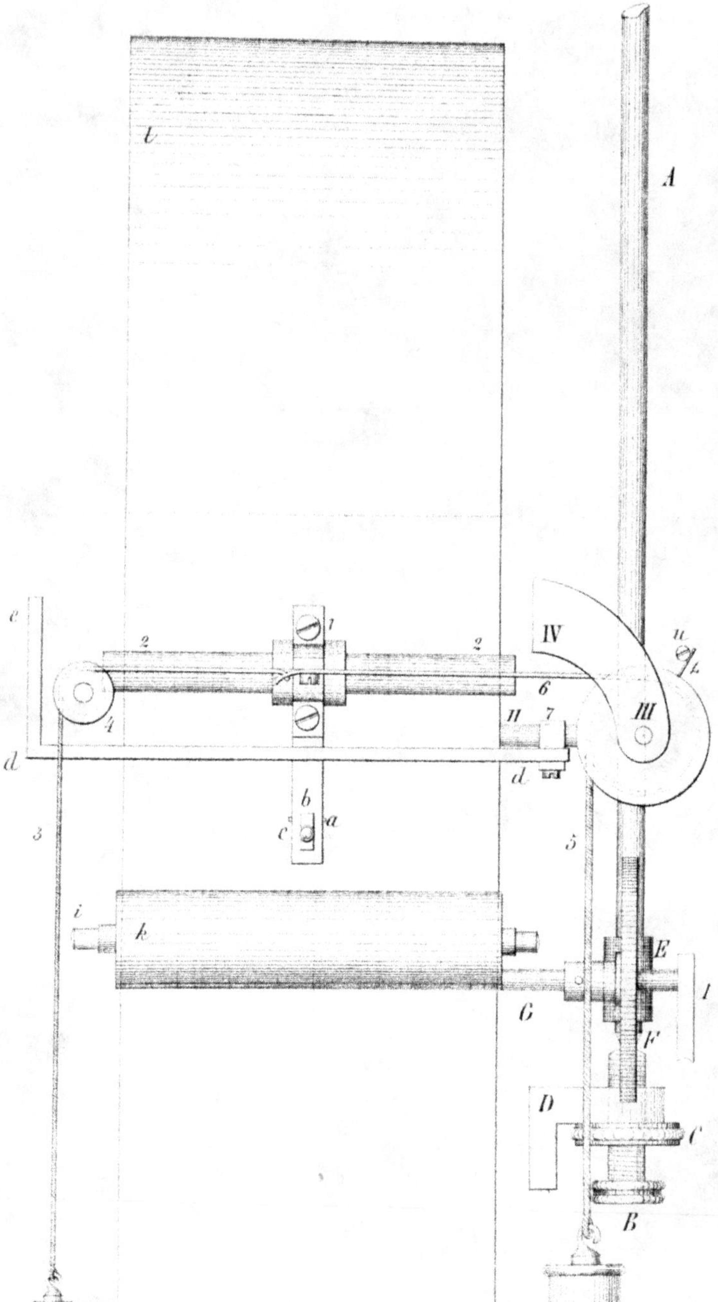

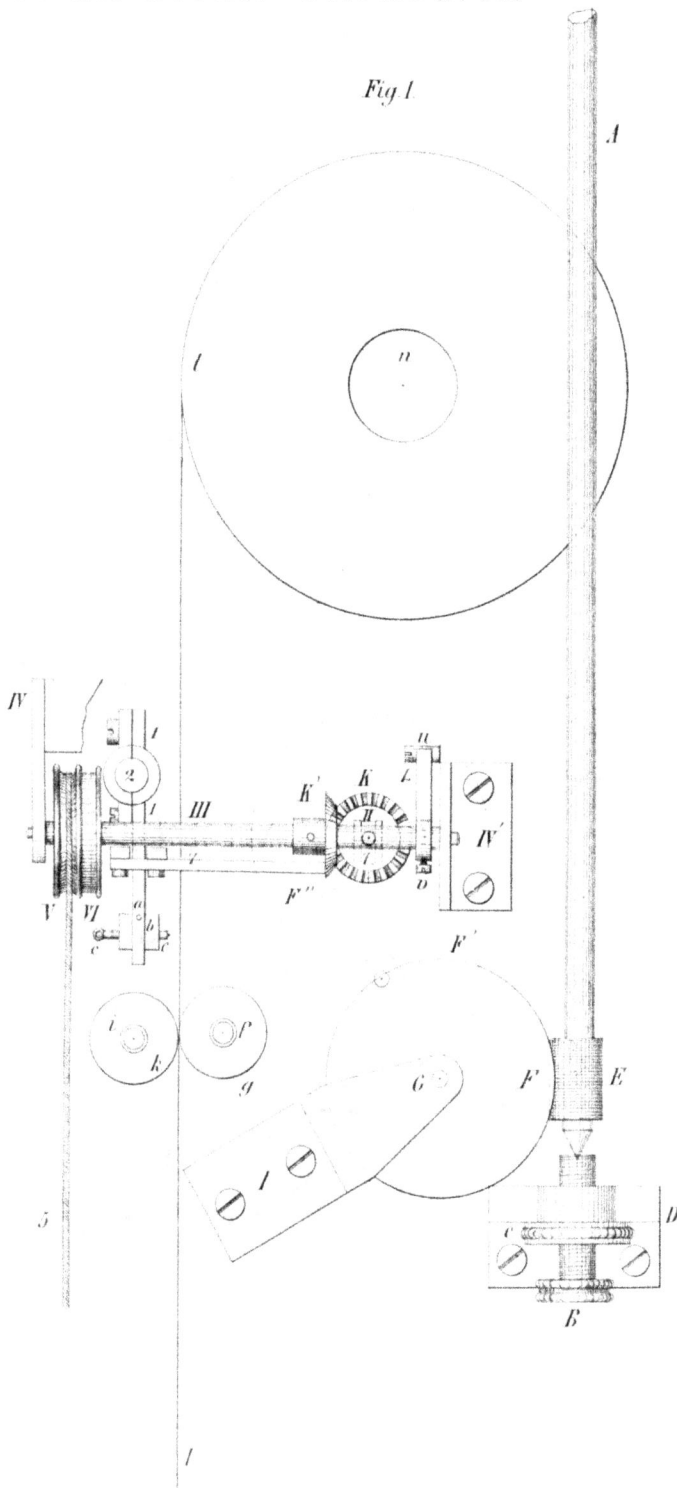

Fig 1.

A

I

n

IV

III

K'

K

II

u

L

IV'

F''

V

VI

a

b

c

F'

i

f

k

g

G

F'

E

l

c

D

B

5

I

Fig. 2.

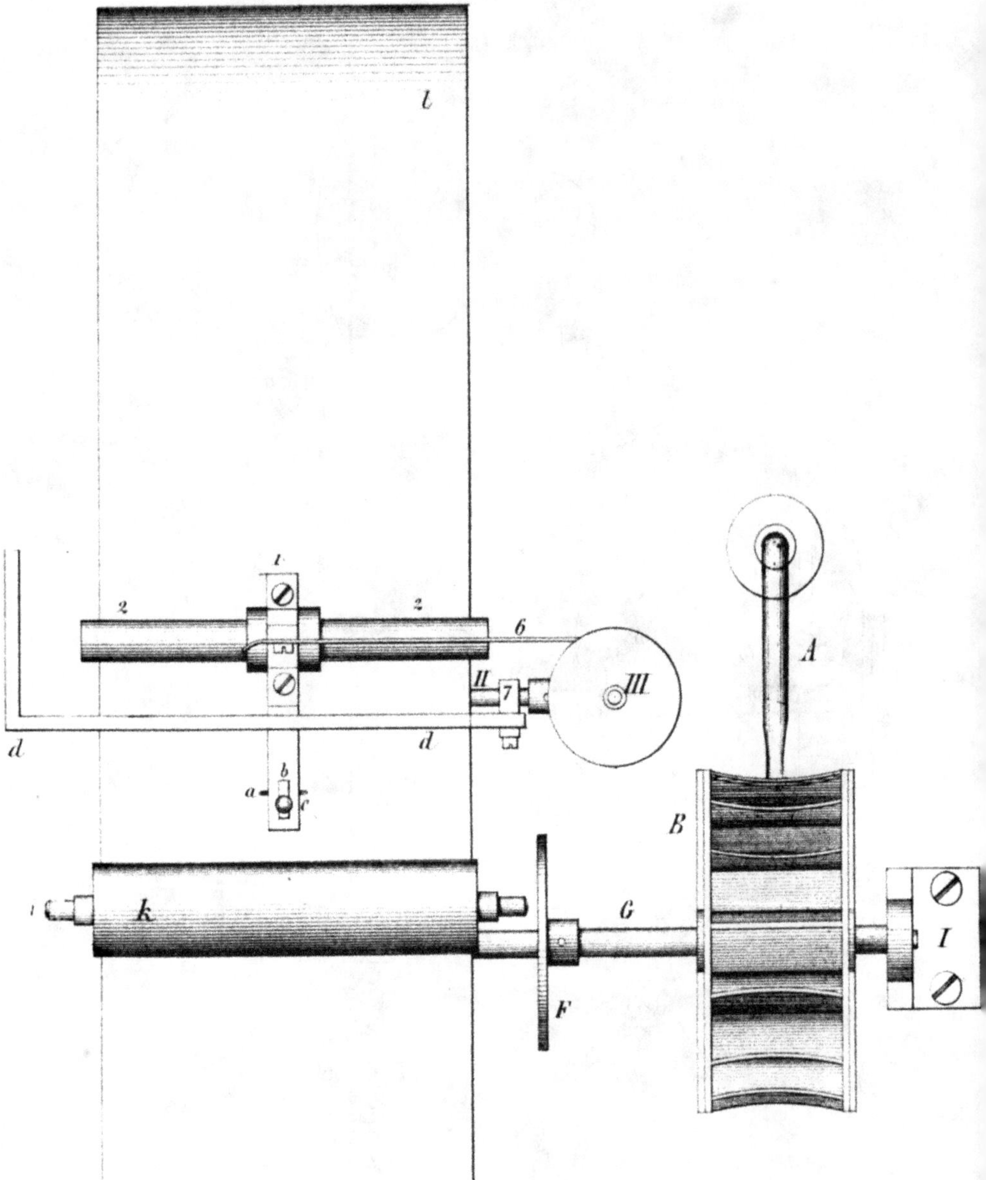

Fig.1

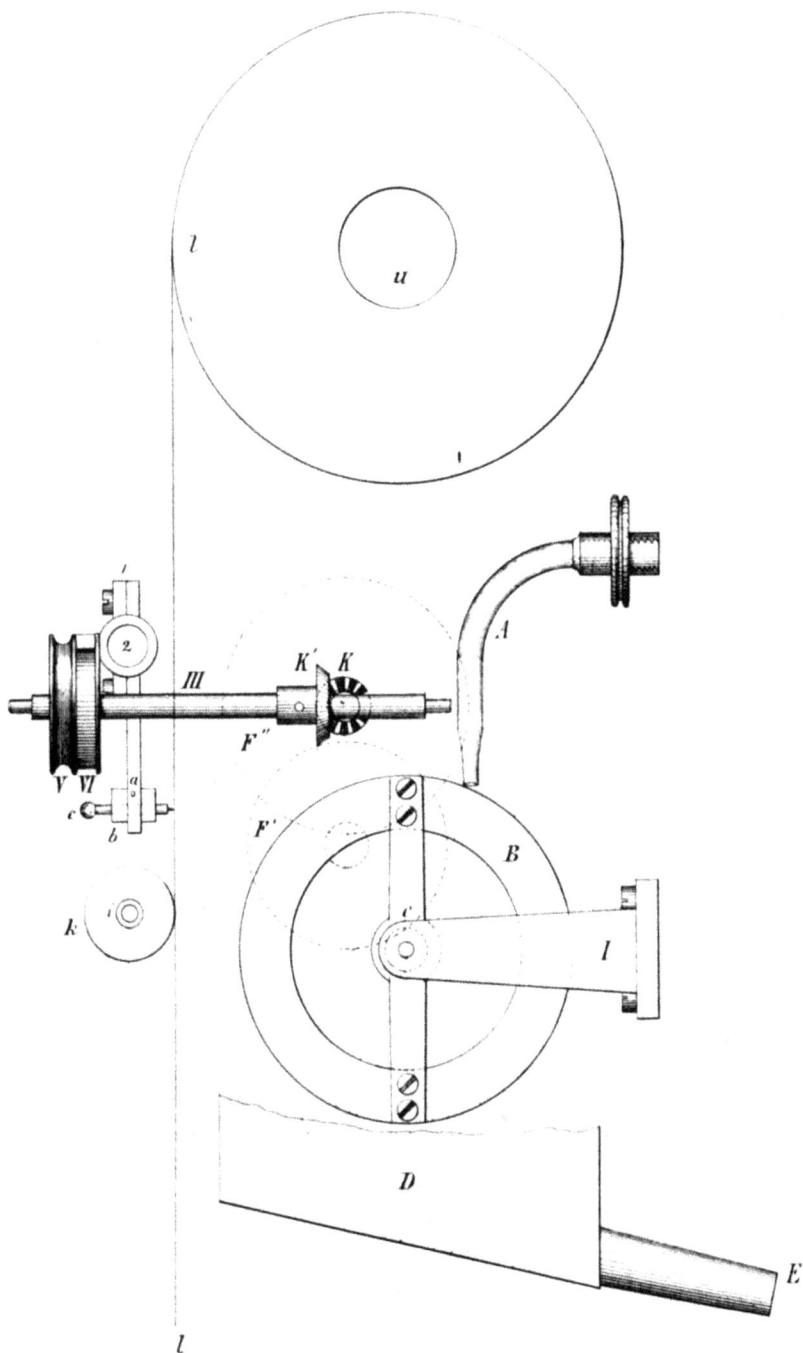

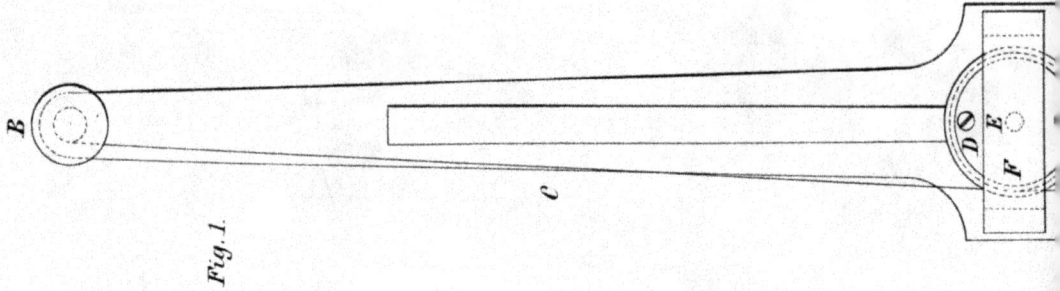

Fig. 1.

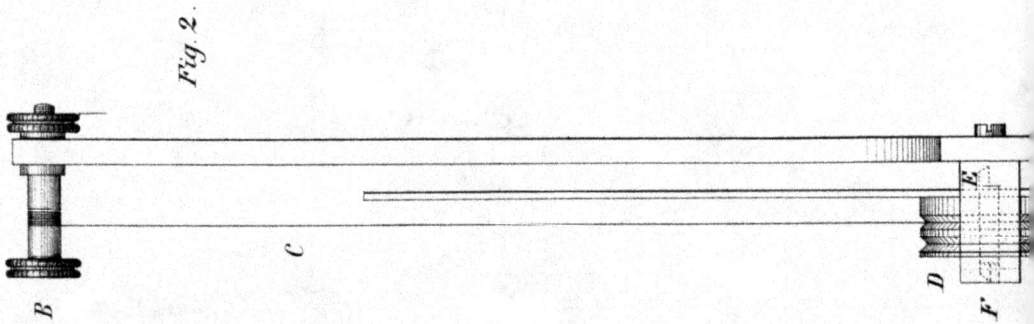

Fig. 2.

apparate der Berner Sternwarte.

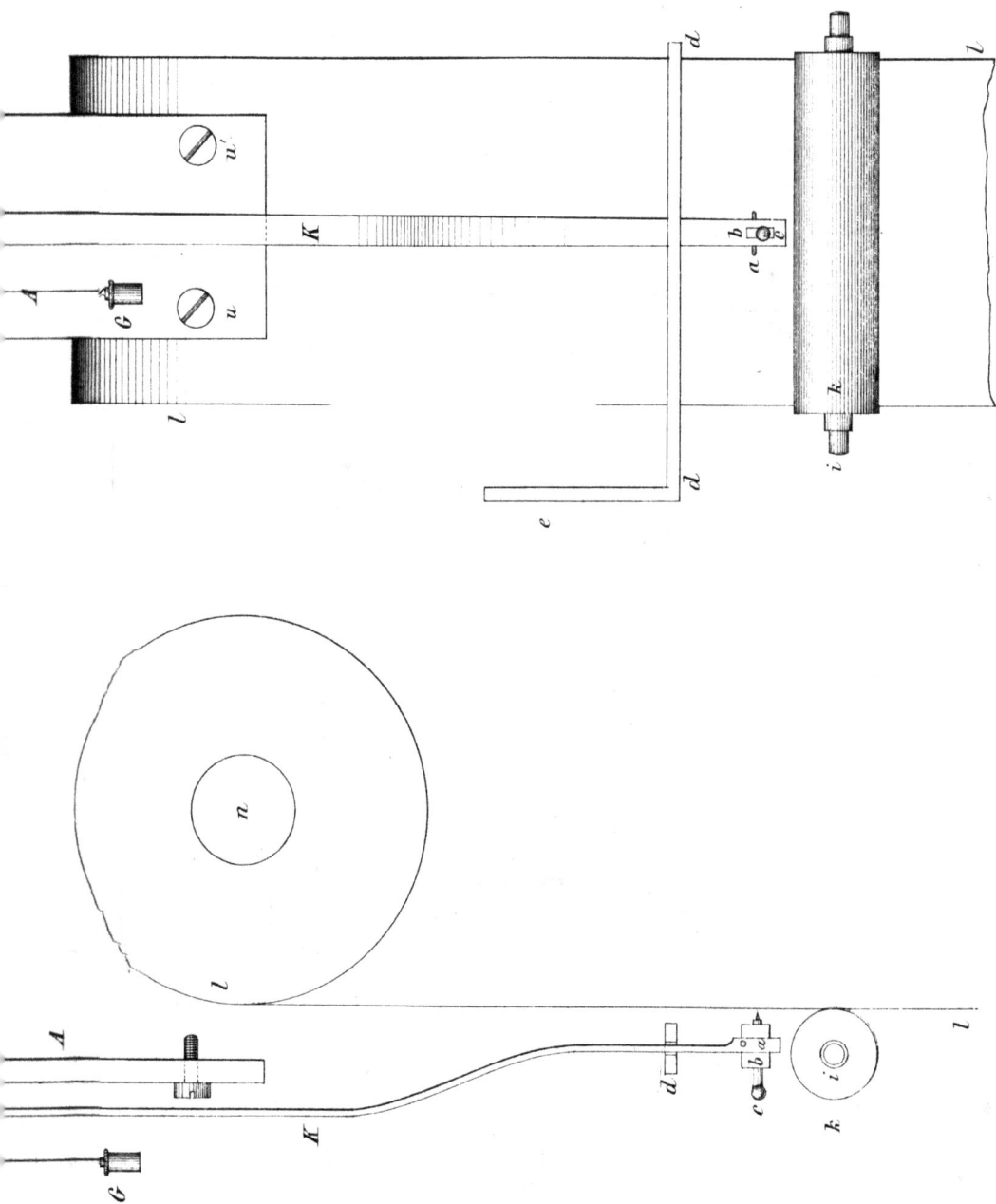

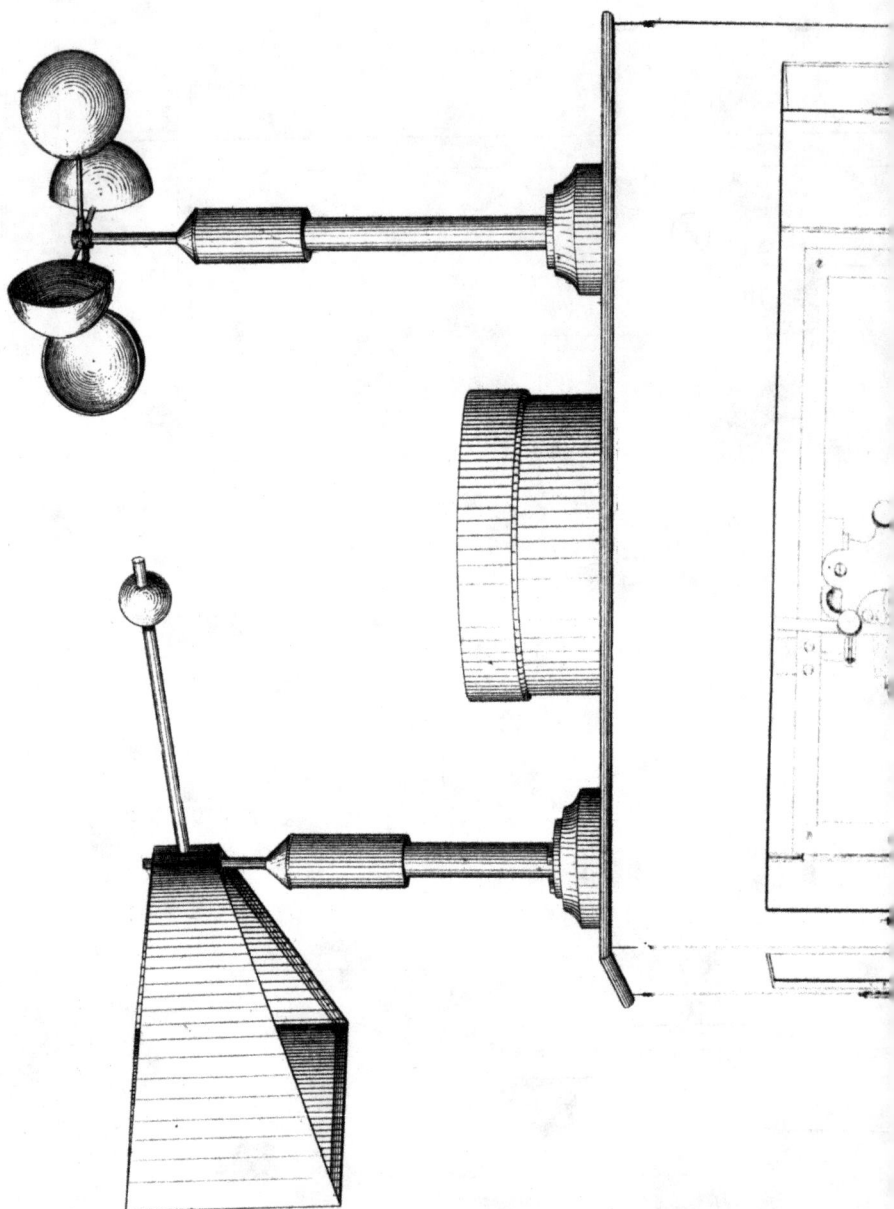

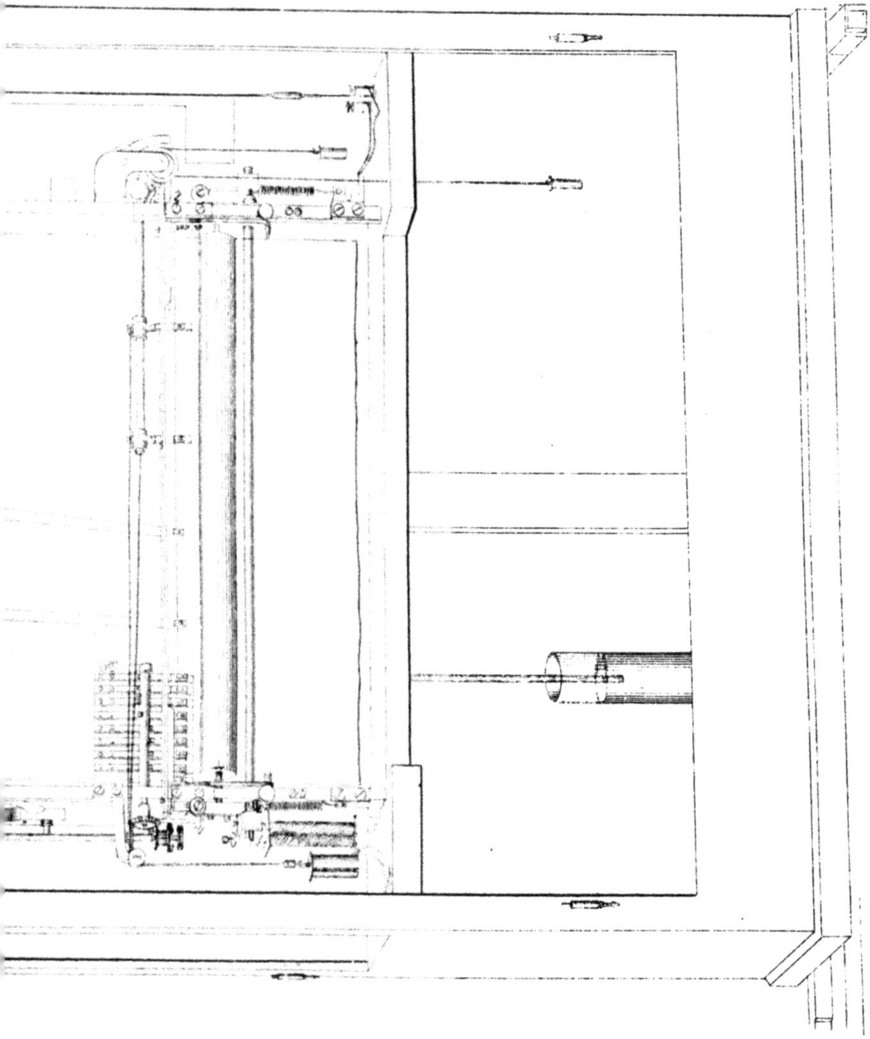

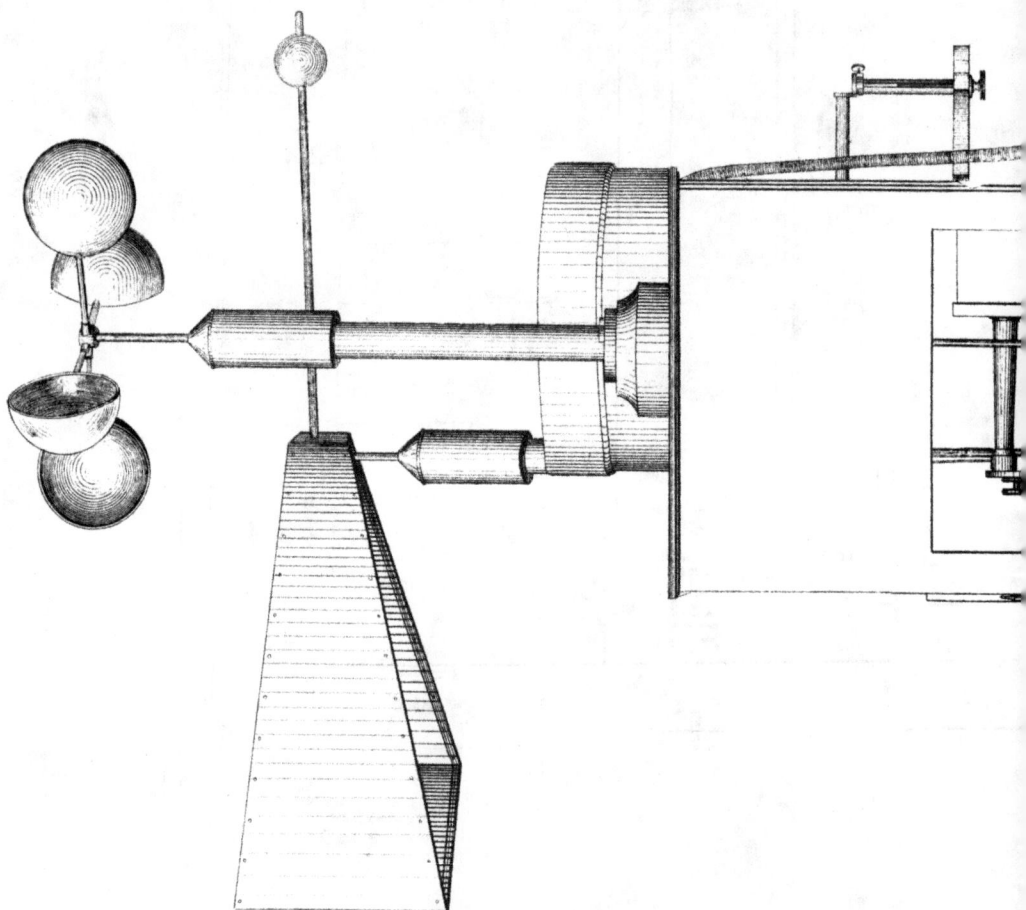

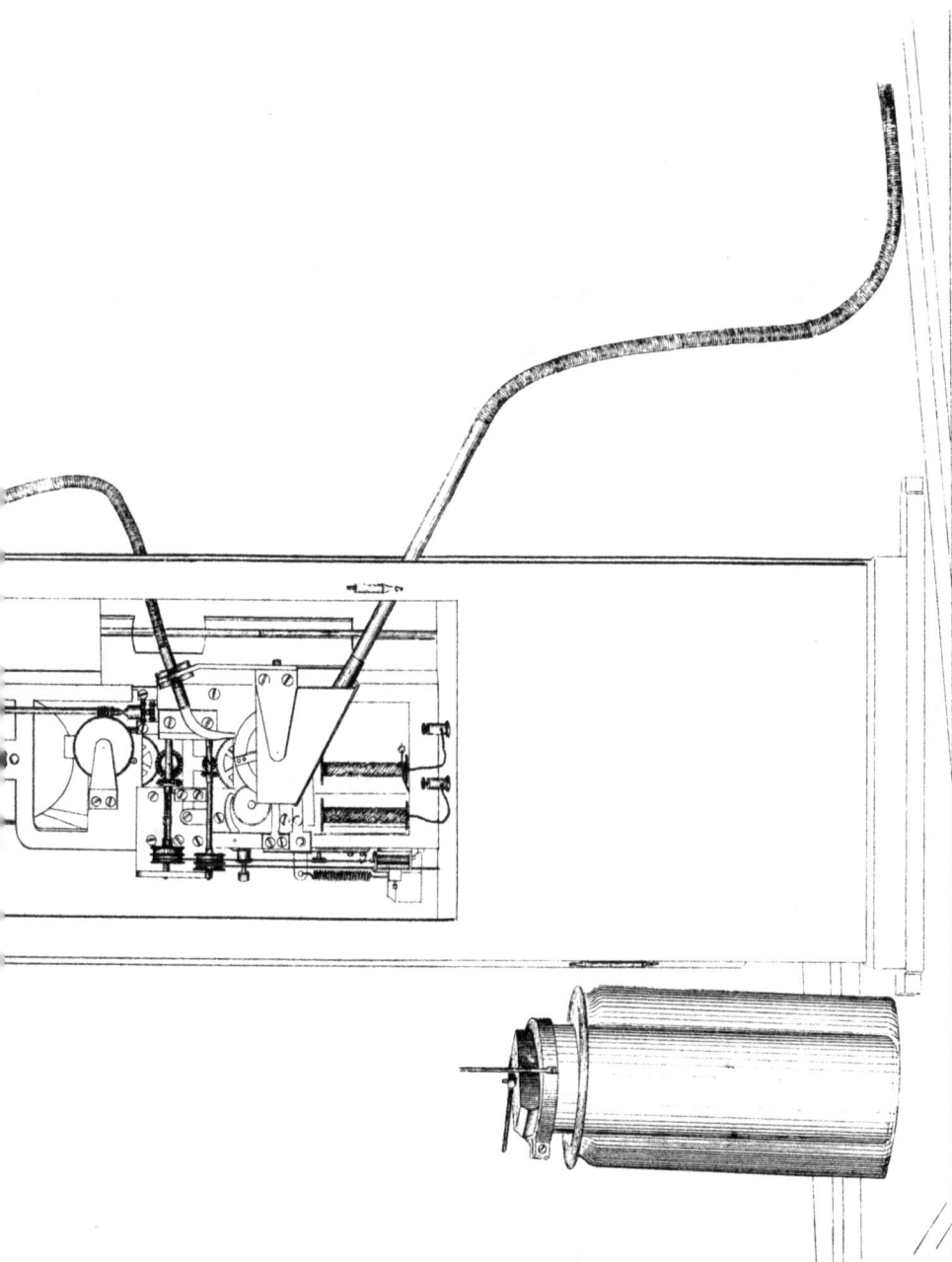

Mittag

12
11
10
9
8
7
6
5
4
3
2
1
12
11
10
9
8
7
6
5
4
3
2
1
0

20° 15° 10°   715 mm 710 mm 705 mm   5 km   4 km   3 km

Thermometer   Barometer   Geschwindigkeit

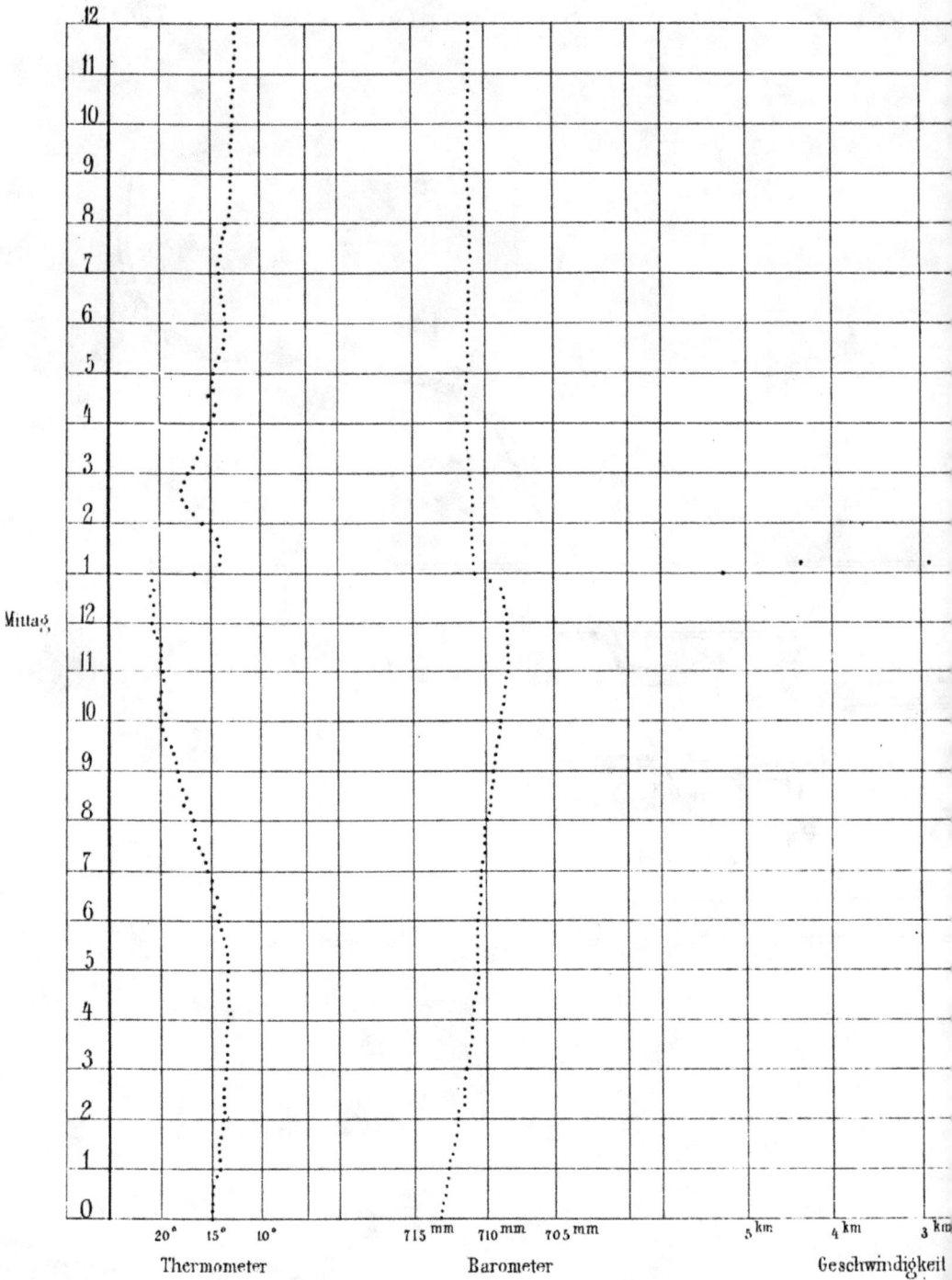

Fac-Simile der Aufzeichnung der selbstregistrirenden Apparate

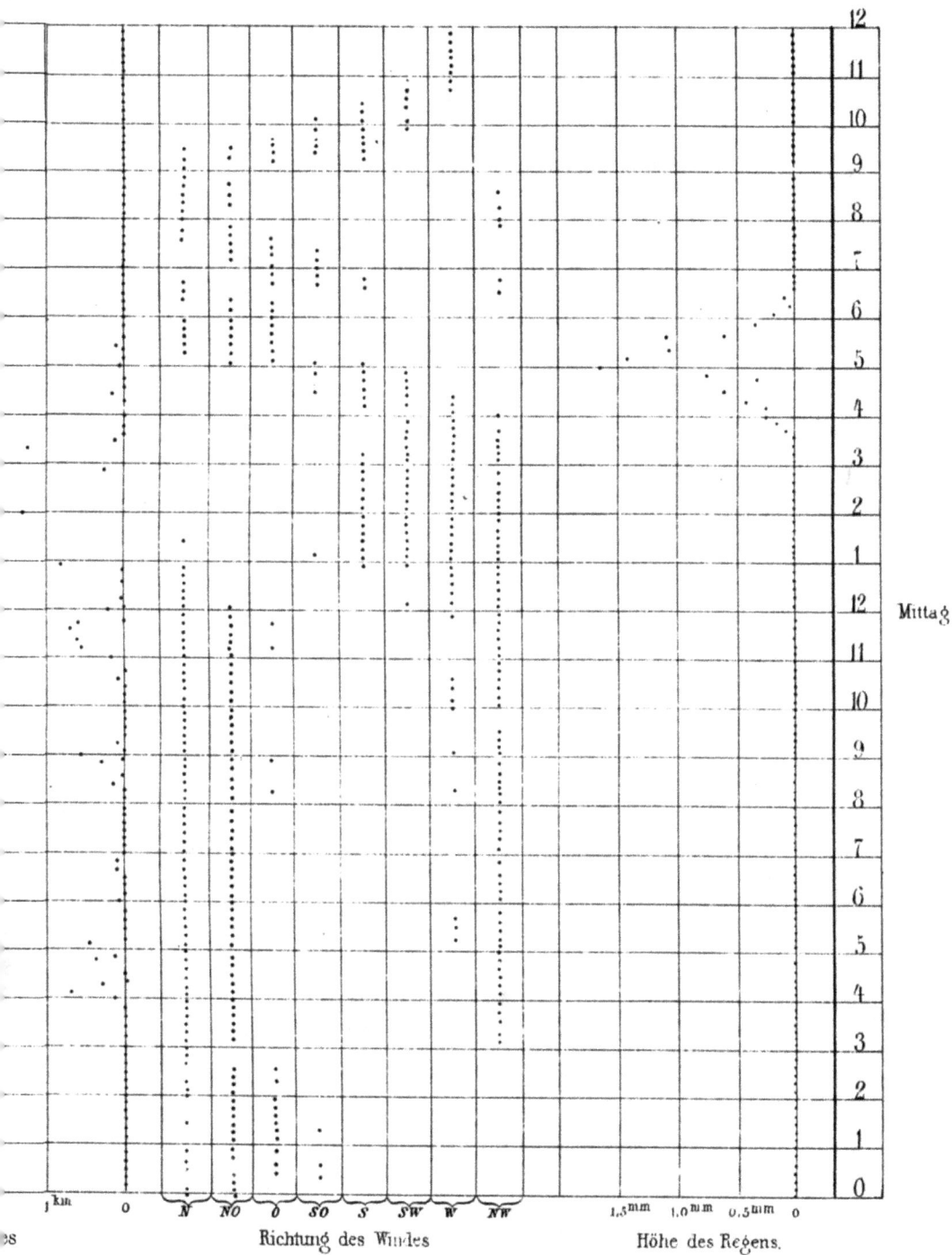

Richtung des Windes.   Höhe des Regens.

nwarte in Bern für den 7 Juni 1864 (Windstoss um 1 Uhr)

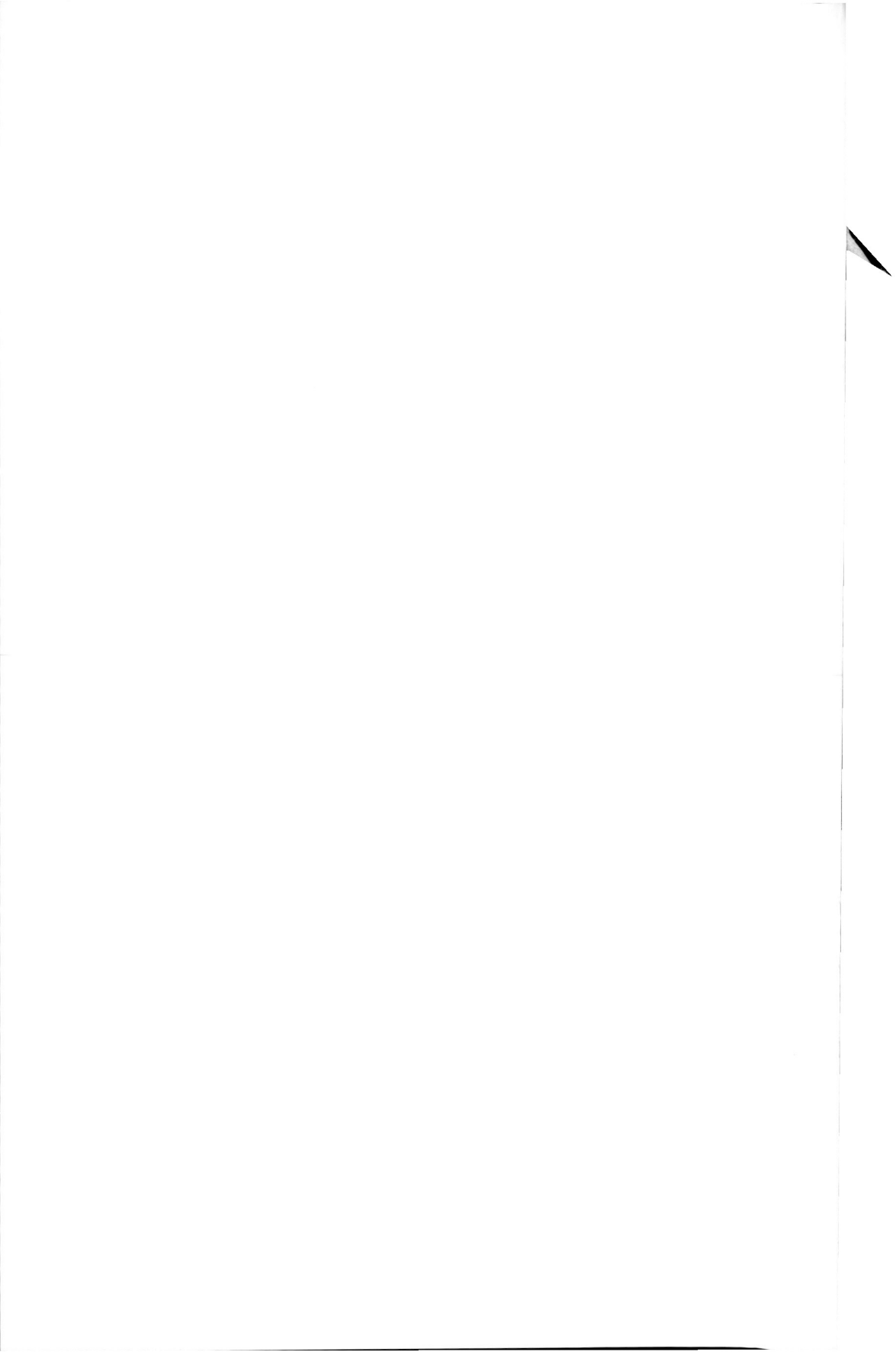